W0078890

Eike Wenzel | Anja Kirig | Christian Rauch

Greenomics

Eike Wenzel | Anja Kirig | Christian Rauch

Greenomics

Wie der grüne Lifestyle Märkte und
Konsumenten verändert

REDLINE WIRTSCHAFT

Bibliografische Information der Deutschen Nationalbibliothek

Die Deutsche Nationalbibliothek verzeichnet diese Publikation in der Deutschen Nationalbibliografie.
Detaillierte bibliografische Daten sind im Internet über http://dnb.d-nb.de abrufbar.

ISBN 978-3-636-01556-3

Unsere Web-Adresse:
www.redline-wirtschaft.de

© 2008 by Redline Wirtschaft, FinanzBuch Verlag GmbH, München

Redaktion: Ulrike Kroneck, Melle-Buer
Umschlaggestaltung: Jarzina Kommunikations-Design, Köln
Umschlagabbildung: Corbis, Düsseldorf
Satz: Jürgen Echter, Redline GmbH
Printed in Austria

Inhalt

Vorwort: Das grüne Zeitalter

Wer hätte das gedacht. Es ist kaum zehn, zwanzig Jahre her, als die Ökologie, das grüne Gedankengut, noch einen ganz anderen Ruf hatte. Damals gehörte das „Grünsein" zum Repertoire einer rebellischen Jugend, die sich mit der Kritik an den Exzessen und Folgeschäden der Industriegesellschaft einen soliden und manchmal auch bequemen Ort im kritischen Abseits gesichert hatte.

Erinnern wir uns kurz: Ende der 1970er Jahre blühte die Umweltschutzbewegung in den westlichen Ländern auf, und besonders stark und radikal war sie – wie konnte es anders sein – im unruhigen Deutschland. Harte Jungs mit Lederjacken und entschlossene Mädels mit Henna-Haaren marschierten auf die Zäune der Atom-Meiler. Daraus wurde ein zumindest symbolisches Kriegsspiel, das lange Jahre die Gesellschaft spaltete. In den Großstädten entstand eine Öko-Kultur, die sich deutlich und entschlossen vom Rest der Gesellschaft abgrenzte. Man fuhr Fahrrad, lebte vom Flohmarkt und kaufte sein Essen im Öko-Laden, wo es streng nach Kräutern roch und die Möhren nicht als „bio" zählten, waren sie nicht schmutzig und verschrumpelt. „Grün" war Mühe und Askese, war Abkehr und Gegen-Entwurf, war ANTI-Zivilisation.

Lang ist's her. Seitdem ist die Ökologie, das grüne Gedankengut, auf vielfältigen Wegen in die Gesellschaft eingesickert. Beide, Gesellschaft wie Gedankengut, haben sich auf diesem Wege verändert. Es sind die Mehrheiten, die heute „grün" denken und handeln. Es ist der Konsens der Gesellschaft, der nun grün „tickt".

Das „Grüne" ist heute weit mehr als ein Accessoire, mit dem man die eine oder andere Konsumentscheidung trifft. Die Ökologie ist auf dem besten Wege, zur großen Leitidee unseres Jahrhunderts zu werden, zum sinnstiftenden Wertesystem, das ALLE Lebensbereiche umfasst. Grüne Themen funktionieren heute in vielen Alltagsbereichen als Orientierungsmuster. Sie strukturieren gewichtige Teile unseres Konsums, der Entwicklung der Technik, der Innovationen. Sie gestalten Alltag – in Form von Gewohnheiten wie Recycling oder zunehmend auch Verhaltensänderungen im Mobilitätsverhalten der Menschen. Sie können, wie sich am Beispiel der Automobilindustrie zeigt, ganze Branchen zum Umdenken (oder in die Krise) zwingen. Oder ganze Querschnittssektoren unserer Wirtschaft, wie etwa die Nahrungsmittelindustrie, mit massiven Trends versorgen. Längst sind die grünen Themen im Herzen der Unternehmen angekommen, wo sie teils hektische Propagandakampagnen auslösen (alle Unternehmen sind heute „nachhaltig", oder behaupten jedenfalls, dies zu sein), teils zu echten und kompletten Strategieumstellungen führen.

Spätestens seit das Megathema „Klimakatastrophe" das öffentliche Bewusstsein durchdringt, mischen sich auch religiöse, endzeitliche Töne in diesen Diskurs. Und damit zeigt sich, dass die „grüne Frage" die existenziellen Dimensionen des Menschen umfasst. Schuld und Sühne, Katharsis und Untergang, Buße und Ablass – im grünen Diskurs spiegelt sich die ewige Tragödie des Menschen im Umgang mit innerer und äußerer Natur, seine Verletzlichkeit ebenso wie sein unbändiger Wille, seine Umwelt so zu formen, dass sie ihm dient.

All dies ist der Hintergrund des Buches, das Sie hier in den Händen halten. Es geht der Frage nach, wie der „Greenstyle" in nächster Zukunft immer mehr und deutlicher unsere alltäglichen Werte- und Verhaltenssysteme formt – und eben die „Greenomics", die Grüne Ökonomie, erzeugt. Wer versteht, wie eine ursprüngliche marginale Idee zum Leitsystem unserer Zivilisation wird, der hat auf den – selbstredend grünen – Zukunftsmärkten die besten Chancen.

Matthias Horx,
Gründer des Zukunftsinstituts

Einleitung: Neo-Ökologie, LOHAS und die Zeitenwende einer neuen Öko-Ökonomie

Im Jahr 2003 haben wir vom Zukunftsinstitut einen Branchenmonitor vorgestellt, in dem wir die wichtigsten Trends in den folgenden Branchen erläutert haben: Lebensmittel, Mode, Tourismus, Medien, Banken, Homestyle, Gesundheit, Telekommunikation und Automotive. In den Branchen Food, Biofood und Gesundheit, aber auch Tourismus stießen wir auf Zahlen und Fakten, die darauf hinwiesen, dass der Biotrend in nächster Zeit noch einflussreicher werden würde. Wir berichteten auch von einem neuen Lebensstil, der sich gerade in den USA Aufmerksamkeit verschaffte, dem **Lifestyle of Health and Sustainability** (engl.: Nachhaltigkeit), abgekürzt **LOHAS**.

In den folgenden rund zwei Jahren erlebten wir zunächst, dass der Slogan „Geiz ist geil" immer stärker die Konsummentalität der Deutschen zu prägen begann. Zuerst Aldi und später auch Lidl avancierten zu den bevorzugten Marken. Es waren die Marken des Verzichtens und der schofeligen Pfennigfuchser. „Ich bin doch nicht blöd" wurde zum Glaubensbekenntnis einer konsummüden Gesellschaft, die allmählich den Glauben an sich selbst und die eigene Wirtschaftskraft verlor. Parallel zu diesem bizarren „Rezessions-Chic" entwickelte sich jedoch seit dem Jahr 2003 ein neues Handelsformat immer dynamischer, dem die meisten Experten bis dato ein achtbares, aber unspektakuläres Nischendasein zugetraut hatten: die Bio-Supermärkte. Insbesondere Alnatura und Basic stellten Jahr für Jahr immer neue Umsatzrekorde im zweistelligen Bereich auf. Alnatura wuchs im Geschäftsjahr zwischen September 2005 und 2006 um 37 Millionen auf 182 Millionen Euro (26 Prozent) Basic konnte seine Umsätze 2006 auf insgesamt 72,6 Millionen Euro (plus 37 Prozent) steigern. Aus der Branche der Körnerfreaks und biodynamischen Missionierer wurde ein Massenmarkt.

Im Jahr 2005 lieferten wir der Messe „Biofach" in Nürnberg einen Trendletter, in dem wir die aktuellsten Entwicklungen auf dem weltweiten Markt der Öko-Produkte aufbereiteten und auf ihre Marktchancen in Deutschland und Zentraleuropa hin abklopften. Die „Biofach" befand sich zum damaligen Zeitpunkt bereits auf der Überholspur. Die Ausstellungsfläche hat sich seit dem Start 1999 nahezu verdreifacht, die Ausstellerzahl verdoppelt. Fast 46.000 Besucher waren es im Jahr 2007, 22 Prozent mehr als im Vorjahr. Auf der Eröffnungspressekonferenz hatte ich das Vergnügen, Wolfgang Gutberlet kennenzulernen, den Gründer des Einzelhandelsunternehmens „Tegut"

Ich stellte den kritischen Journalisten die neue Konsumgruppe der LOHAS vor. Eine eigentlich unaussprechliche Abkürzung, die – so unsere Prognose – in den nächsten Jahren für Furore sorgen sollte. LOHAS, so meine These, bringen Gesundheit und Genuss, Lebensstil und Verantwortung in Einklang, sie sind eine neue Konsumavantgarde, die auf mittlere Sicht ein Drittel der deutschen Bevölkerung ausmachen wird. Die Presse nahm diese Botschaft – wie oft, wenn es um Trends geht – mit einer Mischung aus ablehnender Vorsicht und professioneller Neugier zur Kenntnis, schließlich sind ja schon viele Trend-Säue durchs globale Dorf getrieben worden, und es werden täglich mehr. Schon während der Pressekonferenz und beim Buffet danach kam ich mit Wolfgang Gutberlet, dem Chef der Tegut-Lebensmittelkette näher ins Gespräch. Er versicherte mir: „Ich bin ein LOHAS vom Scheitel bis zur Sohle, wenn ich das in meinem Alter noch sein darf." Natürlich darf er, Wolfgang Gutberlet, der von der Fachpresse auch gerne als Philosoph des deutschen Handels bezeichnet wird, hatte damals schon die 70 Jahre überschritten. Aber der LOHAS-Lebensstil schert sich nicht um Altersgrenzen, es ist ein altersindifferentes Phänomen.

Während der Pressekonferenz machte Wolfgang Gutberlet seinem Ruf als Handelsphilosoph alle Ehre. Er erging sich nicht im „number crunching", einer Übung, der man anlässlich von Pressekonferenzen ja sehr gerne nachgeht. Der Tegut-Mann sprach über Werte, die den Menschen heute wichtiger seien als Tiefstpreise und Sonderangebote. Zu einer Zahlenprognose ließ sich Gutberlet dann doch noch hinreißen. „Wie hoch wird der Marktanteil von Bio-

Produkten im Lebensmitteleinzelhandel künftig sein?" Gutberlet antwortete auf seine Weise: „10 Prozent werden es schon werden, am liebsten natürlich 100 Prozent." Mitleidiges Schmunzeln vonseiten der Fachpresse. Dabei war die Ansage durchaus ernst gemeint. Zur Erklärung: In den letzten zehn Jahren hat sich der Umsatz mit Bio-Lebensmitteln zwar mehr als verdreifacht, der Marktanteil der Bio-Produkte im Lebensmitteleinzelhandel liegt jedoch gerade einmal bei 3,2 Prozent. Trotzdem – und auch das war bereits in den Jahren 2004 und 2005 abzusehen – sollte sich das in den nächsten Jahren signifikant ändern.

Wie Megatrends die Märkte von morgen prägen

So schnell ändern sich tatsächlich manchmal die Zeiten, so schnell steht die Zukunft vor der Tür und klagt ihr Recht ein. Wir sind Trendforscher und beschreiben Veränderungsbewegungen in Wirtschaft und Gesellschaft. Trends sind eigentlich etwas sehr Bodenständiges. Überall dort, wo in unserer Welt Widersprüche und Ungereimtheiten auftreten, wo plötzlich ein Bedarf nicht mehr gedeckt und ein Bedürfnis nicht mehr befriedigt werden kann, entstehen in der Regel neue Trends. Trends fallen also nicht vom Himmel oder wachsen auf Bäumen oder werden von Trendforschern einfach so gemacht, sie manifestieren sich dort, wo es knirscht in den Systemen. Wer sich daraufhin die Entwicklungen auf unseren Märkten und in unseren Lebenswelten genau anschaut, der erhält wichtige Erkenntnisse darüber, wie – plakativ gesagt – die Welt von morgen aussieht. Nichts anderes tun wir.

Trends haben hierzulande eine lange Geschichte der Missverständnisse und der öffentlichen Beargwöhnung hinter sich. Das liegt natürlich auch daran, dass wir mit dem Wörtchen Trend im Alltagsgebrauch so etwas wie vorübergehende Moden, flüchtige Konjunkturen, unkritische Hippness, präpotente Jugendkulturen etc. verbinden. Im Zukunftsinstitut arbeiten wir mit Megatrends. Das sind die großen und gewichtigen Wandlungsprozesse, die unsere Gesellschaft und Ökonomie innerhalb der nächsten 20 bis 30 Jahre auf allen Märkten und in allen Lebensbereichen signifikant verändern werden. Zu den Megatrends gehören Gesundheit, Mobilität, Globalisierung, der Megatrend Reife, das Empowerment der Frauen, Connectivity, die „Verdrahtung" der Welt durch Internet und Telefonie, sowie Bildung und New Work, die neue Arbeitsgesellschaft.

Wem es gelingt, Megatrends rechtzeitig und möglichst präzise zu analysieren und zu verstehen, der hält das Ticket für die Zukunft auf den weltweiten Märkten in der Hand. Denn Trends (oder Veränderungsbewegungen) lassen sich für den geschulten Beobachter in der unübersichtlichen Gemengelage der Gegenwart ausfindig machen (sei es nur in Spurenelementen, in schwachen Signalen und verschlüsselten Andeutungen) und als frühe Boten einer wahrscheinlichen Zukunft beschreiben. Insofern sind Trends immer mit der Zukunft im Bunde. Trends sind die Leuchtspur, die von der Gegenwart der Märkte in die Business-Zukunft führt.

Als neuen Megatrend haben wir vor Kurzem Neo-Ökologie identifiziert, aufgrund des Bedeutungszuwachses der LOHAS im Konsum und natürlich vor dem Hintergrund des weltweiten Klimawandels. Die Megatrends werden in unserem Institut permanent überprüft und recherchiert und in der Trenddatenbank dokumentiert. Megatrends strukturieren und verändern Märkte (und natürlich den Konsum im Allgemeinen), auch das beobachten und dokumentieren wir über unsere Datenbank. Megatrends bereiten die Märkte von morgen vor. Wenn LOHAS die neogrünen Konsumenten der Zukunft sind und Neo-Ökologie der übergreifende Megatrend, dann beschreibt Greenomics die Auswirkungen, die LOHAS und Neo-Ökologie auf die Märkte haben. Mit unserem Buch, das den Titel *Greenomics ...* trägt, möchten wir Ihnen, liebe Leserinnen und Leser, vor Augen führen, wie sich der Megatrend Neo-Ökologie auf unsere Märkte und Konsumgewohnheiten auswirkt und die Zukunft der Märkte bestimmen wird.

Die klassische Marktforschung kann eine Analyse, die nach vorne gerichtet ist, nicht leisten. Marktforschung ist zu gegenwartsverhaftet, um substanzielle Aussagen über Märkte von morgen zu machen. Schon lange wissen wir, dass herkömmliche Marktforschung oder das Denken in statischen Milieus ihr Haltbarkeitsdatum überschritten haben. Die LOHAS sind ein gutes Beispiel dafür, dass

wirklich relevante Werteverschiebungen (die ihrerseits Konsumbe-
dürfnisse und Märkte neu strukturieren) nicht mit Fokusgruppen zu
ermitteln oder anhand nackter Umfragedaten zu beschreiben sind.
Die LOHAS sind ein altersindifferentes, schichtenübergreifendes
und einkommensunabhängiges Phänomen. Nur ein paar Beispiele,
die zeigen, dass Altersarithmetik längst nichts mehr über Wünsche
und Wirklichkeiten von Konsumenten aussagen:

- Snowboarding, bis vor Kurzem Inbegriff der hippen Jugendkul-
  tur, wird immer mehr zum Altherrenvergnügen: Eine Studie aus
  den USA hat kürzlich herausgefunden, dass mehr als ein Drittel
  (35 Prozent) der aktiven Snowboarder 35 Jahre und älter sind. Das
  bedeutet innerhalb der letzten zehn Jahre einen Zuwachs von
  über 50 Prozent bei den „Older Snowboardern".
- Ein weiteres Beispiel: Junge Radio-Popwellen wie SWR 3 oder
  HR 3 werden vom Marketing nach wie vor als Programm für
  Jugendliche angepriesen. Tatsächlich liegt das Durchschnittsalter
  der Gute-Laune-Wellen weit darüber (SWR-3-Hörer sind 42,1
  Jahre, die von HR 3 gar 44,7 Jahre alt). Die Hörer sind einfach mit
  ihrem bevorzugten Programm älter geworden. Menschen kümmern sich immer häufiger äußerst wenig darum, ob sie gerade ins
  richtige Zielgruppenschema passen bei dem, was sie tun.
- Ein letztes Beispiel: Wer kauft die Mercedes A-Klasse? Daimler
  wollte mit dem praktisch-pragmatischen Fahrzeug die sogenannten jungen und lifestyleorientierten Zielgruppen ansprechen. Am
  Ende wurde der Wagen von den aktiven Älteren gekauft, die in
  erster Linie den höheren Einstieg des Wagens schätzen.[1]

Gerade den LOHAS liegt nichts ferner, als auf diese Art des altersseg-
mentierten Zielgruppenmarketings hereinzufallen. Für die LOHAS
und das anbrechende Zeitalter der Greenomics müssen daher auch
neue Wege der Kommunikation beschritten werden. Persuasives

[1.] Siehe zu dem Thema, dass klassische Marktforschung und Sinus Milieus die hochkomplexen und
individualisierten Konsumbedürfnissen der Menschen im 21. Jahrhundert nicht mehr abzubilden
vermögen: Oliver Dziemba, Christian Rauch, Eike Wenzel »Lebensstile 2020. Konsequenzen der
Individualisierung für Märkte und Marketing«, *Marketing Journal* Oktober 2007.

Marketing, das sich an die herkömmliche Marktforschung anlehnt, beinhaltet eine Hierarchie und geht von einem Informations- und Aufklärungsdefizit seitens der Konsumenten aus. Doch die LOHAS wollen sich nicht überreden lassen, sie möchten auf Augenhöhe kommunizieren. LOHAS sind auf eine substanzielle, informationsbezogene Kommunikation hin orientiert, was nicht heißen soll, dass sie sich nicht gerne faszinieren lassen, dann aber in der Regel von anderen Dingen als der klassischen Werbung. LOHAS durchschauen die Methoden des persuasiven Marketings. Dabei sind sie keineswegs Konsumverweigerer. Allerdings verlangen sie Transparenz und Klarheit in der Ansprache. Begriffe wie traditionell versus konservativ oder links versus rechts verlieren bei ihnen ihre Aussagekraft. LOHAS sind „traditionell", insofern sie sich auf (überlieferte) Werte berufen und Werthaltigkeit einfordern. Sie sind im gleichen Zug jedoch „modern", insofern sie technologischen Fortschritt unideologisch befürworten. Einzige Einschränkung: Dieser Fortschritt muss ökologisch und politisch korrekt sein und den Menschen dienen. Nur dann lässt sich überhaupt von Fortschritt sprechen.

Mittlerweile wird von Greenomics und den LOHAS als Business 3.0 gesprochen. In einem ebenso klugen wie euphorischen Essay hat Management-Berater Andrew Zolli in der Märzausgabe 2007 von *Fast Company* die Geburt des Business 3.0 aus dem Geiste der Klimaveränderung ausgerufen. „Der Markt für den nachhaltigen Konsum existiert bereits. Es sind die LOHAS, die jährlich rund 227 Milliarden Dollar für nachhaltige Produkte und Dienstleistungen ausgeben." Die Green Economy oder Greenomics und mit ihnen die Konsumavantgarde der LOHAS steht für eine neue Ökonomie. Greenomics hebt sich ab von den marktwirtschaftlichen Grundsätzen, denen die globale Wirtschaft seit dem Ende des 2. Weltkriegs folgte. Milton Friedman, ein Kreuzritter dieses Ansatzes der freien Marktwirtschaft, hat zu Beginn der 1970er Jahre den epochalen Ausspruch getan: „Die soziale Verantwortung der Wirtschaft ist es, ihre Profite zu vergrößern." Angetrieben durch die weltweite Klimadebatte, wird jetzt jedoch Greenomics zur globalen Notwendigkeit. Unternehmen werden deshalb ihren autistischen Impuls aufgeben müssen, immer nur auf das eigene Wohlergehen zu schauen. Nach der wahren Lehre des Neoliberalismus respektive des egoistischen Umsatzoptimierungskapitalismus zwingt uns der Klimawandel jetzt dazu, eine neue Synthese zwischen Ökonomie und Ökologie, zwischen unternehmerischem Profitstreben und gesellschaftlicher Verantwortung zu suchen.

Die LOHAS sind ein zentraler Faktor in dieser Ökonomie von morgen. Und diese Ökonomie wird vor allem eine grüne Ökonomie sein. Die Tabelle zeigt, wie das Natural Marketing Institute (NMI) das Marktpotenzial der Greenomics für das Jahr 2010 allein in den Vereinigten Staaten einschätzt: 424 Milliarden US-Dollar.

- **Personal Health: $118 Mrd.**
  (includes natural/organic foods, supplements, personal care, alternative medicine, yoga, health/fitness, media)

- **Eco-Tourism: $24.2 Mrd.**
  (includes eco-travel and adventures, new age/spiritual travel)

- **Alternative Energy: $400 Mio.**
  (includes green pricing programs, renewable energy certificates (RECs))

- **Alternative Vehicles: $6.1 Mrd.**
  (includes hybrid vehicles, biodiesel, car sharing)

- **Green Building: $49.7 Mrd.**
  (includes ENERGY STAR products and homes, other green-certified homes, materials and solar panels)

- **Natural Lifestyles: $10.6 Mrd.**
  (includes home furnishings/supplies, natural pet products, cleaners, apparel, philanthropy)

- **Socially Responsible Investing $215 Mrd.**
  (including privately managed accounts, SRI screened mutual funds, etc.)

Abbildung 1:   Marktpotenzial Greenomics

Bis ins Jahr 2015, so die Schätzung des NMI, wird sich diese Zahl noch einmal verdoppeln. Bis 2015 werden also – allein in den USA – 850 Milliarden US-Dollar erwartet. Weltweit ist davon auszugehen, dass der Greenomics-Markt bis ins Jahr 2015 mindestens 1,6 Billiarden stark sein wird.

Aber was sind eigentlich LOHAS? Wie lassen sich die Menschen, die sich hinter diesem etwas ungelenken Akronym verbergen, beschreiben, wo liegen ihre Wünsche und Bedürfnisse? Wir haben uns mit der Lebenswelt und der Soziodemografie dieser Superziel-gruppe zu Beginn des Jahres in einer Studie befasst („Zielgruppe LOHAS"). Darin haben wir erläutert, dass LOHAS mehr als eine simpel zu berechnende Zielgruppe sind, LOHAS sind strategische Konsumenten und eine neue gesellschaftliche Bewegung, die auf den weltweiten Märkten für neue Realitäten sorgen wird. LOHAS sind kritische Konsumenten, die in den nächsten zehn bis zwanzig Jahren dafür sorgen werden, dass unsere Ökonomie deutlich und nachhaltig ergrünt. „Greenomics" ist das Stichwort, unter dem sich der makroökonomische Paradigmenwechsel vollzieht und unter dessen Voraussetzungen die Wertschöpfung in der Zukunft stattfin-det: Die Ökonomie denkt grün, Ökonomie und Ökologie werden zu Dr. Jekyll und Mr. Hyde und prägen die Märkte von morgen. Und die Schlüsselkonsumenten auf diesen neogrünen Zukunftsmärkten werden die LOHAS sein.

LOHAS bringen Werte und Befindlichkeiten in Einklang, die bislang als widersinnig und unvereinbar galten. LOHAS streben nach einem gesunden und genussvollen Lebensstil. Gegenüber den Ökos der 1970er und 1980er Jahre ziehen sie sich nicht in Subkultu-ren zurück, Öko hat nichts mehr mit Verzicht und Asketismus zu tun. In den 1990er Jahren und bis zur Jahrhundertwende hat sich der grüne Lebensstil auf den Weg in die gesellschaftliche Mitte gemacht, gerade auch durch den Einfluss eines Megatrends wie Gesundheit beziehungsweise Wellness. Bis ins Jahr 2010 wird sich hier Gesundheitshedonismus auf den meisten Konsummärkten als Lebensstiloption Nummer eins durchgesetzt haben.

Während die alten Ökos ihren ökologischen Lebensstil häufig im Sinne einer ideologischen Absage an Konsumgesellschaft und Kapi-talismus „stylten", sehnen sich die LOHAS danach, Vergnügen und Verantwortung in Einklang zu bringen. LOHAS suchen die Balance zwischen Selbstsorge, expliziter Sorge um Familie, Gesellschaft und Gemeinwesen und Sorge um die Zukunft des blauen Planeten. Sie leben den Lebensstil des Sowohl-als-auch. LOHAS sind eine ideolo-giefreie Innovationsbewegung in den westlichen Gesellschaften (und haben ebenfalls starken Anteil in den modernen Staaten Asiens). Sie sind an gesellschaftlichen Themen hochgradig interes-

So sehen Ihre Zielgruppen morgen aus

LOHAS: Die Green-Lifestyle-Avantgarde
Von der Subkultur zum Mainstream von morgen

70er/80er Jahre	BIO —>	Subkultur ideologisch Konsumverweigerer
90er Jahre/2000	BIO —>	Hinein in die gesellschaftliche Mitte Megatrend Gesundheit
2010	BIO —>	Neue Avantgarde: Öko-Chic Gesundheitshedonismus

Abbildung 2: Green-Lifestyle-Avangarde

siert, ohne ihr Denken im alten Links-rechts-Schema einzufrieren. Ein zentrales Credo der LOHAS: Entweder-oder ist das Denkmuster des Kalten Krieges und des zu Ende gegangenen 20. Jahrhunderts. Entwicklung findet nur zwischen den Extremen statt. Insofern ist diese neue Lifestyle-Avantgarde – entgegen ihren historischen Vorgängern in den Bürgerbewegungen – optimistischer und zukunftsoffener. LOHAS sind moralische Hedonisten, vielleicht der erste Lebensstil, der mit Recht global zu nennen ist und in relativer Gleichzeitigkeit die meisten der Menschen in den modernen und demokratischen Staaten erfasst hat.

Was die LOHAS wollen und was sie ablehnen:

- Qualität statt Dicount
- Authentizität statt Spaßgesellschaft
- Spiritualität statt Glauben
- Partizipation statt Repräsentation
- Ankunft statt Steigerung
- Werte statt Ironie

Doch LOHAS sind keine neue Zielgruppe im herkömmlichen Sinne des Wortes, kein neues hippes Milieu oder der letzte Schrei einer vorübergehenden Mode. Wer die LOHAS und den substanziellen

Wertewandel, der mit ihnen verbunden ist, verstehen möchte, der muss sich klarmachen, dass hier nicht plötzlich ein neues Bevölkerungssegment aus dem Erdboden gestampft wurde, das sich nach den klassischen Grundkoordinaten der Marktforschung (Geschlecht, Schicht, Einkommen etc.) berechnen lässt. LOHAS sind eine gesellschaftliche Bewegung. Man wird ihnen nicht gerecht, wenn man sie sich als Zielgruppe hinzumodellieren versucht. Qualität (egal in welcher Branche, egal für welches Bedürfnis) ist für die LOHAS ein unveräußerlicher Grundwert. Handwerkliches, Ursprüngliches, Elementares, mit einem Wort: Authentizität ist für sie wichtiger als Ablenkung und Zerstreuung in der Spaßgesellschaft. LOHAS begreifen sich als aktive Staatsbürger, achtsame Nachbarn und aufmerksame Mitmenschen. Das ist ihr gesellschaftspolitisches Credo, Regierungspolitik nehmen sie eher belustigt als durchschaubare Medieninszenierung wahr. Wenn es geht, streben sie nach Verortung in lokalen oder regionalen Zusammenhängen. Sie wollen ankommen, sie sehnen sich nach Identität, deshalb ist ihnen die Steigerungslogik der Spaßgesellschaft („immer schneller, immer lauter, immer greller") eher suspekt.

In den USA hat sich der Soziologe Paul Ray in unzähligen Interviews mit den LOHAS beschäftigt. Von Ray stammt auch die Einschätzung, dass ein Drittel der amerikanischen und – wie wir in Studien zu erhärten versucht haben – auch ein Drittel der Bevölkerung in Zentraleuropa dem Lebensstil der LOHAS zuneigt. In seinem Buch *The Cultural Creatives: How 50 Million People Are Changing the World* hat Ray den LOHAS erstmals ein Gesicht gegeben – das war im Jahr 2000. Mittelfristig, so haben wir das in unserer Studie zu den LOHAS aus dem vergangenen Jahr formuliert, werden die gesunden Hedonisten sogar rund die Hälfte der Gesamtbevölkerung in den Staaten Zentraleuropas und Nordamerikas ausmachen; der grüne Lebensstil macht sich auf den Weg in die gesellschaftliche Mitte. Aber auch in Asien hat die Green Economy mit Vehemenz Einzug gehalten. Und das liegt nicht nur daran, dass LOHAS im Chinesischen „glückliches Leben" heißt. Die Asiaten fühlen sich von dem gesunden und nachhaltigen Lebensstil angesprochen. Erstens, weil er eine spirituelle, ja vielleicht buddhistische

Haltung zur Realität anbietet, ohne auf Dogmen und Orthodoxien aufzusetzen. Zweitens sind gerade in den asiatischen Tigerstaaten die ökologischen Probleme und die Probleme der Bevölkerungsdichte derart offensichtlich und drängend geworden, dass der LOHAS-Lifestyle zum strategisch-politischen Auftrag wird, der die Zukunftssicherheit dieser Länder garantiert. Im erwachenden Tigerstaat Taiwan ist das LOHAS-Konzept bereits fester Bestandteil der Regierungspolitik (vgl. www.lohas.com).

Ray definiert den Lifestyle of Health and Sustainability wie folgt:

„LOHAS sind intensive Leser und kaufen mehr Bücher als durchschnittliche Amerikaner. Sie sehen weniger fern, weil sie die meisten TV-Sendungen nicht mögen und die Qualität der Nachrichtensendungen bedenklich finden. Werbung und Kindersendungen lehnen sie ab. Kulturell Kreative/ LOHAS setzen sich aktiver mit Kunst und Kultur auseinander als Amateure und als Profis. In dem Streben nach Authentizität lehnen sie schlechte Qualität und Wegwerfartikel ebenso ab wie den Markenwahn."

Was die LOHAS auszeichnet:

- postmateriell
- Selfness/Wellness
- spirituell
- moralischer Hedonismus
- medienkritisch
- kulturinteressiert
- infoorientiert

Hervorstechend ist die postmaterielle Orientierung der LOHAS: Werte und Verantwortung sind ihnen ebenso wichtig wie Vergnügen. Gesundheit können sie sich jedoch nicht ohne einen starken Genussaspekt vorstellen, deswegen schwören sie auf Wellness bzw. Selfness und outen sich als moralische Hedonisten. Sie streben darüber hinaus nach einer spirituellen Weltsicht, ohne sich jedoch ausdrücklich religiös zu orientieren. Sie wissen, dass es zwischen

Himmel und Erde mehr gibt als materielle Bestrebungen. Gleichzeitig wollen sie nicht mehr glauben müssen. LOHAS sind medienkritisch, weil sie die simplen Weltbilder des Fernsehens und der Boulevardpresse schon lange durchschaut haben. Gleichzeitig sind sie äußerst kulturinteressiert, was sie allerdings nicht durch ein Jahresabonnement des Stadttheaters ausdrücken. Für LOHAS ist Kultur gleichbedeutend mit aktiver Auseinandersetzung mit Kunst und bewusster Teilhabe an kulturellen respektive gesellschaftlichen Prozessen – am liebsten sind sie Akteure und keine passiven Zuschauer. Und deswegen sind die LOHAS auch in hohem Maße infoorientiert, sie möchten sich ein möglichst vollständiges Bild von der Wirklichkeit machen. Deswegen sind die LOHAS – unabhängig von ihrem Alter – ausgesprochene Freunde des Internets und des Web 2.0.

Eine kurze Geschichte eines ökonomischen Zeitenwechsels: Wie die Greenomics Medien und Marketing erobern

Seit 2006 sind Greenomics, Neo-Ökologie und die LOHAS (neben dem Web 2.0) DIE buzzwords (Modewörter) in der Strategie- und Marketingwelt. 2006 begannen die großen Medien das Thema allmählich ernst zu nehmen. Das Jahr 2007 steht für den breitflächigen Durchbruch des Themas. Eine Kurzchronik der Ereignisse, ungeordnet und ohne Anspruch auf Vollständigkeit:

Plötzlich warfen die Unternehmensberater und Marktforscher die Befragungsmaschinen an und setzten sich auf die Fährte der LOHAS.

Oktober 2007: In einer Studie der Unternehmensberatung Ernst & Young wird der Markt der LOHAS in der Lebensmittelbranche auf 30 Prozent geschätzt. Die Mehrzahl der Deutschen bevorzugt nach eigener Aussage Bio-Produkte: Rund 75 Prozent der Befragten würden grundsätzlich lieber zur Bio-Alternative greifen – auch wenn es sich um eine andere Marke als die bisher bevorzugte handelt. 78 Prozent der Verbraucher sind der Befragung zufolge grundsätzlich bereit, für ein Bio-Produkt mehr zu bezahlen als für ein herkömmliches Konkurrenzprodukt. 38 Prozent sind sogar bereit, für ein Bio-Produkt einen Aufschlag von mehr als 10 Prozent zu zahlen.

September 2007: In der Frankfurter Brotfabrik findet die deutschlandweit erste LOHAS-Konferenz statt, veranstaltet von Christoph Harrach, der auch hinter dem Blog „KarmaKonsum" steht. Ohne größeren Werbeaufwand kommen mehr als 100 Interessierte aus der ganzen Republik für ein paar Stunden im verregneten Frankfurt zusammen, um zukunftsweisendes Community-Building zu betreiben.

November 2007: Der Burda-Verlag launched das LOHAS-Portal ivyworld.de und versucht, die Greenomics-Märkte und -Konsumenten auf seine Seiten zu locken. Begleitend veröffentlicht der Verlag eine Marktstudie zu den LOHAS („Greenstyle-Report. Die Zielgruppe der LOHAS verstehen"). Ivyworld.de wirkt noch wie eine aus der Hüfte geschossene Reaktion auf den LOHAS-Trend. Doch die Affinität der LOHAS für Web-2.0-Angebote haben die Macher verstanden. So erklären sie das Selbstverständnis ihres Babys:

> „‚Green is cool!' findet die Redaktion und berichtet tagesaktuell, informativ, kompetent und undogmatisch über Themen wie Style, Menschen, Technik oder Design. Ein Highlight sind die täglich erscheinenden Videos. Neben dem redaktionellen Anspruch der Site spielt die Partizipation der User eine zentrale Rolle im Konzept von IVY world. User können unter ihrem eigenen Profil Artikel verfassen, besonders gute Artikel schaffen es regelmäßig auf die Startseite."

November 2007: Unter großer Medienaufmerksamkeit geht das Internetportal utopia.de an den Start. *Tatort*-Kommissar Axel Milberg in einem hübschen Video und Sandra Maischberger (als prominente Ökowindeltesterin) schieben die Initiative mit an. Unternehmen wie Hess Natur und Otto sind dabei. Das Freiburger Öko-Institut wählt für die Utopisten regelmäßig die Top-10-Öko-Produkte aus. Der Verkehrsclub Deutschland stellt die umweltfreundlichsten Produkte vor. Ein eigener Öko-Online-Shop kommt in Kürze hinzu. LOHAS wollen keine Zuschauer der Realität sein. Dem trägt das

Portal Rechnung. Es vereint eine Vielzahl von Angeboten: eine Community, in der sich kritische Konsumenten austauschen und informieren können, ein Onlinemagazin sowie einen Shopping-führer, der umweltfreundliche Produkte auswählt und zu deren Bewertung aufruft, Web 2.0 in Reinkultur. Innerhalb einer guten Woche wurden auf utopia.de über 390.000 Seiten von mehr als 38.000 Besuchern abgerufen. Und es haben sich in dem Zeitraum 3.000 Utopisten aktiv registriert.

September 2007: AC Nielsen hat die LOHAS seit Kurzem in sein Haushaltspanel aufgenommen. Der Druck seitens des Handels und der Industrie, diese „Gruppe" in der Konsumforschung abzubilden, wurde zuletzt immer größer. Seit einigen Wochen gehören die LOHAS endgültig zur deutschen Konsumnormalität. Ein kleiner Ritterschlag, die LOHAS sind jetzt selbstverständlicher Gegenstand des alltäglichen Consumer-Trackings in Deutschland:

> „AC Nielsen hat sich entschlossen, die LOHAS zeitnah im repräsentativen Nielsen Haushaltspanel zu identifizieren und mit weiteren Attributen zu spezifizieren. Alle 15.000 Haus-halte wurden Ende 2007 hierzu speziell befragt. Eine konsu-morientierte Beschreibung dieser Zielgruppe und ihres Ein-kaufsverhaltens kann somit von Industrie und Handel für State-of-the-Art-Marketingstrategien genutzt werden."

Mit einem Mal steht Bio ganz oben auf der Agenda, Veränderungen im Bio-Business sind Gegenstand von Hauptnachrichtensendun-gen, Aktionärsversammlungen und Leitartikeln. Wirtschaftsmagazi-ne wie die *Wirtschaftswoche*, sonst kaum im Verdacht, alternativen Energiedebatten und Nachhaltigkeitsdiskursen einen roten Teppich auszurollen, produzieren einen Greenomics-Titel nach dem ande-ren. Der *Stern*, der sich gerne als Lifestyle-Postille mit Tiefgang in Positur wirft, wich am 16. März 2007 erstmals und einmalig von seinem rot dominierten Cover ab und mutierte zum grünen Stern („So retten wir das Klima").

Ein paar weitere Presse-Highlights, ebenfalls ungeordnet und ohne Anspruch auf Vollständigkeit. In einem *Spiegel*-Titel (36/2007) zur „Bio-Welle" wich das Nachrichtenmagazin erstmalig vom bekannten, aber auch nicht mehr originellen Sarkasmus ab. Wurden die LOHAS bis dato nur in Bezug auf bizarre Öko-Strickunterhöschen zur Kenntnis genommen, ließ sich plötzlich auch für das Hamburger Magazin der Trend nicht mehr leugnen. Bereits am 26. April 2007 beschäftigte sich das *Manager-Magazin* mit dem LOHAS-Lifestyle. Am 9. Juni erläuterte die *Financial Times Deutschland* den LOHAS-Trend anlässlich einer Sonderausgabe zum Thema Corporate Social Responsibility. Im Zuge der Einführung von Biomilch bei McDonald's berichtete das *Handelsblatt* am 19. August 2007 ausführlich über Greenomics und die LOHAS. Die *FAZ* widmete sich in der Ausgabe vom 27. August zum letzten Mal und sehr ausführlich dem LOHAS-Phänomen. In einer Schwerpunktausgabe berichtet die *Wirtschaftswoche* vom 19. September 2007 über die Green Economy und die „wirtschaftliche Macht des Guten". Gegenwärtig (Stand: November 2007) rückt Öko-Mode stärker in den Mittelpunkt (*Süddeutsche Zeitung*, 16. Juni 2007). Und es stellen sich immer häufiger zwei Fragen: Was wird aus Bio, wenn plötzlich die Produkte ausgehen? Erleben wir bald die große Welle des Greenwashings, bleibt die Glaubwürdigkeit der Neo-Öko-Branche bald auf der Strecke?

Prominente sind eigentlich auch nichts anderes als Medien und immer ein guter Gradmesser für das Funktionieren eines Trends. Auf ihren Körpern und in ihren Outfits manifestieren sich in schöner Regelmäßigkeit Moden und Trends. Die Entschlossenheit, mit der besonders Amerikas Reiche und Schöne derzeit auf der grünen Welle surfen, spricht dafür, dass „gesund und nachhaltig" keine vorübergehende Mode bleiben wird. Das People-Magazin *Gala* hat kürzlich einmal die grünen Engagements der Promis zusammengetragen: Julia Roberts, die seit dem Jahr 2000 ohnehin für ihre Liebe zu Dr. Hauschka-Produkten bekannt ist, bewegt sich demonstrativ mit müllsparenden Thermo-Tassen durch Starbucks-Cafés, bekocht ihre beiden Kinder mit Bio-Gerichten und ließ beim Umbau ihrer Villa in Malibu Sonnenkollektoren montieren. Leonardo DiCaprio hat schon 1998 eine Umweltstiftung gegründet und produziert kritische Dokumentationen (*11th Hour*). George Clooney hat gerade seinen alten

BMW gegen ein umweltfreundlicheres Modell eingetauscht. Cameron Diaz verriet der „Elle", dass sie Bio-Zahnpasta benutzt. Ja, selbst Paris Hilton nutzt den grünen Imagebringer und lässt sich vor Bio-Supermärkten fotografieren. Robert De Niro, Ben Affleck und Sigourney Weaver plädieren für eine erneute Kandidatur Al Gores für das Amt des amerikanischen Präsidenten. Halle Berry, Cindy Crawford und Pierce Brosnan schlossen sich Demonstrationen gegen den Bau einer Erdgasanlage vor der Küste Malibus an, da das Projekt nicht den Luftschutzkriterien entsprach. Daryl Hannah harrte gar wochenlang auf einem Walnussbaum aus, um für das Überleben eines Bauernhofs in der Nähe von Los Angeles zu demonstrieren. Für ihre Überzeugung nahm die 45-Jährige sogar eine Verhaftung in Kauf. Prominente versprühen Glamour nicht mehr über Stil und Hippness, sondern über neogrüne Überzeugungen.

Unzählige grüne E-Commerce-Portale schießen gerade in Großbritannien und den USA aus dem Boden: Buy Green, Earth Friendly Goods, Eco Choices, EcoWise, Gaiam, Green Feet, Green Home, Green Shop (UK), Green Shopper, Green Shopping (UK), Green Store, Indigenous, Natural Collection (GB), Nigel's Eco Store (GB), Rogue Natural Living, Shop Green, The Green Office, VivaTerra. Weltmarktführer im elektronischen Handel wie Amazon und MSN haben auf ihren amerikanischen Seiten grüne Einkaufsschwerpunkte eingerichtet. Auf http://green.yahoo.com hat die Suchmaschine ein Communityportal für die grüne Welt von morgen eingerichtet.

Dass wir seit 2006 eine Hysterie um das Thema LOHAS und Greenomics erleben, hat natürlich zuallererst auch mit den Diskussionen um den Klimawandel zu tun. Tatsächlich jedoch wurden die Weichen für die grüne Wirtschaft schon früher gestellt. Die atemberaubende Erfolgsgeschichte des ostdeutschen Unternehmens Qcells beispielsweise lässt sich nicht einfach damit erklären, dass sich Medien und Politik (wieder einmal in brüderlichem Schulterschluss kurzfristig auf eine aktuelle Nachrichtenlage reagierend) zum Ende des Jahres 2006 auf die Klimadebatte einschossen. Was wäre eigentlich gewesen (die ketzerische Frage sei erlaubt), wenn der Winter nicht so mild und verregnet gewesen wäre? Qcells, Europas größter Solarzellenhersteller, muss jeden Tag ein bis zwei Mitarbeiter einstellen, um der ungeheuren Nachfrage nachkommen zu können. Grün wird zum Big Business und stürmt die Börsen. Im November hat mit der KTG Agrar aus Hamburg der erste Bauer die Börse betreten. Die Landwirte spekulieren auf weiter ansteigende Energiepreise und die Rohstoffnachfrage aus den Schwellenländern. Bis ins Jahr 2014 soll nach EU-Schätzungen das Einkommen der westeuropäischen Bauern um 10 Prozent ansteigen. Kaum noch eine Woche vergeht, in der nicht ein neuer Nachhaltigkeitsfond das Licht der Welt erblickt. Auch die Fondstochter der Deutschen Bank, die DWS, hat die Zeichen der Zeit erkannt und sich anlässlich der Jahrespressekonferenz zum „Trendsetter" bei den grünen Investments ausgerufen. Bei den grünen Investments ist die DWS führend. Mit dem DWS Klimawandel und dem DWS Invest Global Agribusiness habt sie zwei der spannendsten Produkte des vergangenen Jahres entwickelt. Laut Angaben des Analysehauses Morningstar Fonds mit deutscher Zulassung liegt die DWS bei stattlichen 2,4 Milliarden Euro.

Nur Kriege oder herannahende Weltuntergänge haben mehr publizistische Geschäftigkeit ausgelöst als der momentane Themenhype um Nachhaltigkeit, Zukunft der Energien und die ökologischen Perspektiven des Planeten. Seit gut einem halben Jahr vergeht keine Woche, in der nicht eines der großen Wirtschaftsmagazine weltweit das Thema Neo-Ökologie auf die Titelseiten hebt. Mittlerweile hat sich herausgestellt, dass man mit „grüner Energie" und nachhaltiger Wirtschaft auch reich werden kann. Die *Wirtschaftswoche* hat in ihrer Titelgeschichte vom 22. Januar 2007 sogar von Deutschland als dem neuen World Champion auf dem Gebiet der postfossilen Energien geschrieben.

Das US-amerikanische Online-Magazin Treehugger.com berichtet täglich über alles, was Ästhetik und Design mit Natur, Nachhaltigkeit und Ökologie verbindet. Die Beiträge in Weblog-Optik geben einen Überblick über szenige und stylische Ideen, Innovationen und Nachrichten aus der gesamten Welt. Eine eigene Web-TV-Produktion berichtet darüber hinaus in You-Tube-Manier, wie sich die umweltbewusste Welt formiert. Die Beiträge reichen von „Wie gestalte ich eine Öko-Party" bis zu Einblicken in Unternehmen und deren Produktionsstätten. Treehugger gibt es seit vier Jahren und gehört damit zu den absoluten LOHAS-Pionieren. Das Blog gehört mittlerweile zu den TOP 20 der meistgelinkten US-Blogs. Vor Kurzem wurde Treehugger von Discovery Communications für 10 Millionen Dollar aufgekauft. Das alte Leitmedium Fernsehen sucht sich ein grünes Images. Im Jahr 2008 möchte Discovery mit einem eigenen LOHAS-Kanal („PlanetGreen") auf Sendung gehen. Die Discovery-Macher gehen davon aus, dass die Werbekunden die Greenomics demnächst mit der gleichen Aufmerksamkeit buchen werden, wie sie Spots in Online, TV etc. schalten. „PlanetGreen", so berichtete die New York Times in der Osterausgabe 2007, wird in 70 Länder verkauft.

Dank der Webseite von „The Green Office" können Unternehmer ihr Büro repräsentativ, naturnah und ökologisch korrekt einrichten. Da Bürobedarf nicht immer zu 100 Prozent „grün" ist, hat das Unternehmen eine eigene Zertifizierung eingeführt: Jedes Produkt im Shop ist mit Symbolen gekennzeichnet, die Aufschluss über die Umweltverträglichkeit geben. Die Kategorien reichen von „Recycled Content" über „Compostable" bis „No Green Credential". So können die Käufer auf einen Blick den „Green Screen" erkennen. Weitergehend hilft der Shop beim Suchen lokaler Recycling-Stellen und informiert auch im Falle von Business-Reisen über nachhaltige Airlines oder Hotels mit grüner Philosophie. Ganz im Sinne einer vernetzten Öko-Lifestyle-Bewegung hat das Unternehmen Kontakt zu Partnersites und NGOs. Technik und Naturbegeisterung, Modernität und Umweltbewusstsein, hier manifestiert sich die Sowohl-als-auch-Lebensphilosophie der LOHAS ein weiteres Mal.

Das Internet ist auch das richtige Medium für „Ideal Bite", einer LOHAS-Seite par excellence. Angesprochen werden genussorientierte Konsumenten, an deren Gemeinschaftsgefühl appelliert wird. Die „Biters" können sich jeden Tag einen Öko-Tipp per E-Mail zusenden lassen, der leicht umzusetzende Maßnahmen zum umweltbewussteren Leben gibt. Der Ratschlag „Mmmmm, Organic Beeeeer!" beispielsweise erklärt, dass jedes Jahr 30 Badewannen voll mit Pestiziden vermieden werden können, wenn 10.653 Biters statt konventionellem Gerstensaft Öko-Bier trinken würden. Und der Tipp „Can you Fry an Egg on Your Reading Lamp?" erläutert, dass 972 Tonnen Kohlendioxid vermieden werden könnten, wenn 9.720 Biter ihre Glühbirne durch eine Energiesparlampe ersetzen.

Auch hierzulande gibt es mittlerweile eine ganze Legion an Blogs und Internetseiten, die sich dem LOHAS-Lifestyle verschrieben haben. Allen voran KarmaKonsum von Christoph Harrach, www.lohas-lifestyle.de, www.konsumblog.de, www.mangoomangoo.de oder www.lohas-blog.de sind vor allem das: schnell, kenntnisreich, authentisch, stilvoll und von persönlicher Kompetenz geprägt. Auch hier sehen wir wieder: LOHAS – das ist kein billiges Synonym für Toskanafraktion oder alt-neue Ökos. Vieles, was den LOHAS-Lifestyle ausmacht, findet in den Foren der in der Regel jungen Blogger statt.

Die Themen des Buchs: Wie die Neo-Ökologie unsere Welt verändert

Wenn die LOHAS gerade dabei sind, unsere Welt kräftig umzukrempeln, dann stellt sich die Frage, wie die Märkte konkret auf diese Konsumrevolution reagieren. Mit unserem Buch „Greenomics" möchten wir Ihnen erläutern, wie die grünen Märkte aussehen, wie sich klassische Märkte verändern und was Sie tun müssen, um auf diesen Zukunftsmärkten konkurrenzfähig zu sein. Wir zeigen Ihnen zunächst, wie sich Wirtschaft, Gesellschaft und Technologie auf den Megatrend Neo-Ökologie einstellen.

- Wie sehen grüne Städte und Standorte in der Zukunft aus?
- Wie verändern die Greenomics möglicherweise auch die weltweiten Finanzmärkte?
- Wie funktioniert der Wertewandel in der Wirtschaft Stichwort Corporate Social Responsibility?
- Wie prägt Greenomics die Zukunft des Handels?
- Wie reagiert gerade die deutsche Umwelttechnik auf den Megatrend Neo-Ökologie?
- Wie verändern die LOHAS Mobilität und Automobilität?

Im Anschluss daran stellen wir Ihnen Schlüssel-Märkte und -Branchen vor, die die Greenomics vor allem prägen wird. Anhand von zahlreichen Best-Practice-Beispielen, Geschäftsmodelle und Produktideen aus dem In- und Ausland möchten wir Ihnen zeigen, wie die grüne Ökonomie bereits arbeitet.

- **Food:** Wie aus der Lebensmittelbranche eine gesunde Genusswelt entstand
- **Mode:** Wie Moral und Sexiness, Green und Glamour die Gesetze des Marktes neu definieren
- **Freizeit:** Wie aus Fun- und Nischensportarten grüne Lifestyle-Marken werden
- **Tourismus:** Wie Genuss und Verantwortung in der Sehnsuchtsbranche zusammenfinden
- **Design:** Wie Ethik, Nachhaltigkeit und Ökologie eine zeitgemäße Form finden
- **Bauen/Wohnen:** Wie aus gigantischen Molochen künftig „zeroemission"-Städte werden
- **Gesundheit:** Wie das Wohlbefinden zum höchsten Gut und zum geschätzten Konsumgut avanciert

Keine Frage, der grüne Lebensstil verändert unsere Märkte: vom lifestyligen Gartensamen über den kompostierbaren Funsport-Artikel bis zur Bergsteigermarke, die plötzlich den modischen Mainstream neu definiert. Hotels werden zu Wohnzimmern und kuscheligen Zufluchten, während das Urlaubsziel immer häufiger nach Kriterien der Umweltbelastung ausgewählt wird. Im Gesundheitsbereich stellen sich Apotheker als Gesundheitsberater auf, und Wohlfühlzahnärzte empfangen die solvente Kundschaft auch gern nach 20 Uhr. Eine hektische Großstadt wie London arbeitet mit großem Aufwand an seinem neogrünen Image, während sich im Schwarzwald ein Anti-AKW-Dorf zum millionenschweren Stromanbieter mendelt. Wohnen wird im Zeitalter der Greenomics immer einfacher und entwickelt eine neue Bescheidenheit, die ihren eigenen Chic hat. Der dröge Soja-Bratling wird von authentischem Edel-Food ersetzt: Mit kalt gepresstem Saatölen gefütterte österreichische Alpenlachse wachsen in selbst reinigenden Teichen auf und lösen die Angeberkultur der Froschschenkel-Connaisseure ab. Design lädt sich tatsächlich mit Bewusstsein auf und sagt wieder etwas über die Wirklichkeit aus. Greenomics verändert Märkte und Branchen und setzt Zeichen im Dienste einer gesunden Genusskultur. Was wir Ihnen, liebe Leserinnen und Leser, in unserem Buch zeigen möchten und wofür wir Sie begeistern möchten, lässt sich in drei Argumenten zusammenfassen:

- Unternehmen denken um und definieren ihr Verhältnis zur gesellschaftlichen Realität neu – die selbstbewussten Konsumenten und die beängstigenden Szenarien der Klimadebatte zwingen sie dazu.
- Neue Player und neue Produkte betreten den Markt und erfüllen Kundenwünsche treffsicherer als die großen alten Branchen-Dinosaurier.
- Etablierte Märkte werden von den Greenomics in Mark und Bein erschüttert. Viele müssen umdenken. Und die grüne Genussrevolution bietet jede Menge Chancen, die wir Ihnen hier vor Augen führen möchten.

Viele Anzeichen sprechen dafür, dass wir gerade den Beginn einer neuen Ära erleben. Woran wir das festmachen? Daran, dass plötzlich Personen und Positionen zusammenfinden, von denen man das bis vor einem halben Jahr nicht geglaubt hätte. Die Kanzlerin rügt (im Einklang mit Renate Künast) die ökologische Rückständigkeit der deutschen Automobilindustrie. Aldi hat sich zur Speerspitze der Biofood-Avantgarde aufgeschwungen. Wahlkämpfe werden über das Thema Neo-Ökologie entschieden. Märkte verändern ihr Gesicht: In den ersten neun Monaten dieses Jahres stieg die Zahl der Bio-Einkäufe bei den Discountern um 80 Prozent. Im Gesamtjahr 2005, so die GfK, war bereits eine Steigerung um 75 Prozent zu verzeichnen. Mit den Greenomics wird etwas Wirklichkeit, wovon die meisten bis vor Kurzem nicht einmal zu träumen gewagt hätten: Diejenigen, vor denen uns unsere Eltern immer gewarnt hatten, verändern unsere Wirklichkeit. Aus Müslis werden Marktführer, aus

Alternativen werden Avantgardisten. Doch dieses Mal sind die neuen Ökos keine grimmig dreinschauenden Weltverbesserer. Es ist ein zukunftsoffenes, lebensbejahendes Drittel unserer Gesellschaft, das in den nächsten Jahren aller Wahrscheinlichkeit nach die Trends in unserer Gesellschaft setzen wird.

In der Lebensmittelbranche hat der Bio-Boom bereits für die ersten Verwerfungen gesorgt. Als Ende des Sommers 2007 gemeldet wurde, dass der Discounter Lidl (Schwarz-Gruppe) bei der prosperierenden Bio-Kette Basic mit 23 Prozent einsteigen würde, geriet die Branche in Aufruhr. Als die Schwarz-Gruppe anschließend auch noch ein Übernahmeangebot unterbreitete, schien die heile Biowelt aus den Fugen zu geraten. Was wird aus Bio, was wird aus den LOHAS und der schönen Green Economy, wenn ein mächtiger Discounter die Gesund-Genuss-Kette schluckt? Zunächst kündigte der Großhändler Dennree die Zusammenarbeit mit Basic. Es hagelte Kundenproteste. Und Anfang November gab Lidl den Rückzug aus dem Geschäft bekannt. LOHAS sind eben keine duldsamen „Verbraucher", sie nutzten die Gelegenheit, um erstmalig quasi mit dem Einkaufszettel den Deal eines Discounters zu verhindern.

Dabei ist ein Drittel der Absatzsteigerungen von Fairtrade-Produkten in Deutschland allein durch die Neulistung der öko-sozialen Produkte beim Discounter Lidl erzielt worden. Aldi und die anderen Billiganbieter machen mittlerweile den größten Teil vom Umsatzkuchen bei den Bio-Lebensmitteln aus: Der Anteil der Discounter liegt laut einer aktuellen Studie des Marktforschungsunternehmens AC Nielsen bei 38,5 Prozent. Unsere Formulierung, dass der LOHAS-Lebensstil auf dem Weg in die gesellschaftliche Mitte ist, haben wir zuerst an der sprunghaften Entwicklung der Umsatzzahlen bei den Bio-Supermärkten festgemacht. Gleichzeitig beendete der Bio-Supermarkt Alnatura die Zusammenarbeit mit Dennree. Der Grund dafür: Aus dem ehemaligen Zulieferer ist Alnatura durch Dennree in letzter Zeit ein Handelskonkurrent erwachsen, der plant, in diesem Jahr seinerseits rund 30 eigene Bio-Lebensmittel-Filialen („Denn's Biomarkt") zu eröffnen.

Greenwashing ist momentan in den USA ein geflügeltes Wort. Verständlich, denn dort wo ein massiver Wertewandel in Gang gesetzt wird und wo neue Märkte entstehen, kommen auch zwielichtige Gestalten, Trittbrettfahrer und im Pelz grün gefärbte Opportunisten ans Tageslicht. Der Begriff warnt davor, dass die ergrünten Märkte nicht in einer „green bubble" zerplatzen. Doch dafür gibt es bei seriöser Betrachtung keine Anzeichen. Wer Spaß an überraschenden Analogien hat, kann sich auch folgendermaßen einen Reim auf die Entstehung der Greenomics machen. Die *New York Times* hat das im vergangenen Jahr in einer Artikelserie zum grünen Boom gemacht: Der Internetboom der 1990er Jahre wurde von dem an sich so unschuldigen Element Silizium getragen – es entstanden die Chips und die epochemachende Computerindustrie. Jetzt bereitet das Silizium die nächste Revolution vor – denn es ist auch eine Schlüsseltechnologie für die Solarenergie. Und tatsächlich hat die boomende Solarenergie Silicon Valley wieder auf die Beine geholfen. Im kalifornischen Hightech-Mekka sind die Investitionen in grüne Technologien von 34 Millionen US-Dollar im ersten Quartal 2006 auf sage und schreibe 290 Millionen US-Dollar im dritten Quartal angestiegen, mehr als eine Verachtfachung innerhalb eines guten halben Jahres! Erstmals seit fünf Jahren und dem Zerplatzen der New-Economy-Blase konnten die Arbeitsplatzverluste in Silicon Valley gestoppt werden. Hauptverantwortlich dafür: die clean environment technology. Herzlich willkommen in der neuen Welt der Greenomics!

Dr. Eike Wenzel

Greenomics 2030:
Wie die grüne Revolution Wirtschaft und Gesellschaft verändert

Unter den veränderten Voraussetzungen von Globalisierung, Klimawandel, Verknappung und Verteuerung von Rohstoffen sowie einem stärkeren Umwelt- und Verantwortungsbewusstsein der Konsumenten wird Wachstum künftig aus einer neuen Mischung von Ökonomie, Ökologie und gesellschaftlichem Engagement generiert.

Umweltschutz, Ressourcenschonung, Corporate Social Responsibility – der Megatrend Neo-Ökologie und der Lifestyle of Health and Sustainability (LOHAS) verschieben die Koordinaten des gesamten Wirtschaftssystems in Richtung einer neuen Ökonomie. Schon jetzt ist klar, dass Neo-Ökologie eine markante Zäsur darstellt, die unsere Märkte in den nächsten Jahren radikal verändern wird. Der Megatrend Neo-Ökologie umfasst dabei nicht nur die klassisch „grünen" Themen nachhaltiger Entwicklung, sondern ebenso die „sozial-ökologischen" Folgen unseres Handelns. Einst rein moralische, soziale und ökologische Themen ökonomisieren sich. Umweltschutz, faire Arbeitsbedingungen, Korruptionsbekämpfung, Bildungschancen, Gleichberechtigung von Frauen und Minderheiten gehören in zunehmendem Maße mit zum ökonomischen Gewinnspiel. Konsum findet unter völlig veränderten Prämissen von ethisch-ökologischen Kriterien und Nachhaltigkeit statt. Wer diese Zeichen der Zeit nicht erkennt, bleibt mittelfristig auf der Strecke.

Zugleich liegen darin aber auch große Chancen: Das Konsumieren mit gutem Gewissen wird zum Wachstumsmotor. Der Bio-Markt boomt ebenso wie „grüne" Geldanlagen und der Handel mit Fairtrade-Produkten.

Der Lifestyle of Health and Sustainability und der damit verbundene Wertewandel ziehen einen folgenreichen Wandel der Wirtschaft nach sich: In den kommenden Jahren wird der LOHAS-Trend immer mehr Märkte und Branchen erobern, die bislang kaum oder gar nicht mit den Ansprüchen und Bedürfnissen der LOHAS in Verbindung gebracht werden.

In der Food-Branche ist längst klar geworden, dass die Maßstäbe von Gesundheit, Genuss, Lebensqualität, Ökologie und Nachhaltigkeit dem Markt für Bio-Produkte in den letzten Jahren zu seinem Riesenerfolg verholfen haben. Der Trend ist aber viel umfassender: Denn dieselben Kriterien werden künftig auch Märkte wie Finanzdienstleistungen, Hightech oder die Automobilbranche in LOHAS-Märkte transformieren und maßgeblich über den Erfolg von Wirtschaftsstandorten im globalen Wettbewerb entscheiden.

1. Regionen und Städte: Lebensqualität und Slow Citys

Wie wir in der Zukunft leben werden, hängt immer stärker davon ab, wo wir leben werden. Welche Qualitäten muss eine Stadt mit Zukunft aufweisen? Seit 2007 lebt bereits jeder zweite Bewohner der Erde in einer Stadt. Die Vereinten Nationen prognostizieren, dass im Jahre 2050 drei Viertel der Weltbevölkerung – das sind 6 Milliarden Menschen – in Städten leben werden. Vor allem in Asien und dem Nahen Osten, wo der Boom der Urbanisierung ganz neue Blüten treibt, liefern Architekten und Planer von Stadtbauprojekten aufsehenerregende Einblicke in die Stadt der Zukunft. Aber auch in anderen Teilen der Welt werden die „Quality of Life Cities" zum Zukunftsprojekt. Der Trend dahinter: Stadtflucht in die bessere Stadt.

Der gesundheitsbewusste und nachhaltigkeitsorientierte Lebensstil der LOHAS ist dabei, sich auf die Entwicklung von Städten, Standorten und Regionen auszuwirken. Die ökologische Bauweise von Häusern und Siedlungen boomt. Der Trend ist in Deutschland zwar schon seit 30 Jahren beobachtbar, bewegt sich aber erst jetzt aus der öko-sozialen Nische heraus in die gesellschaftliche Mitte.

In Deutschland wurde 1991 das weltweit erste moderne Passivhaus gebaut. Inzwischen existieren in Deutschland schätzungsweise 8.000 Passivhäuser – mehr als doppelt so viele wie 2005. Und die Nachfrage nach nachhaltigen Wohnbauten steigt weiter drastisch an: Immobilienmakler melden zuhauf ein steigendes Interesse an Niedrigenergie- und Passivhäusern. Und die Handwerksbetriebe berichten glücklich von vollen Auftragsbüchern, weil Millionen von Wohnungen und Häusern nach den Anforderungen der neuen „Energiepässen" ausgestattet werden sollen. Die energetische Sanierung und Aufrüstung wird zur zentralen Zukunftsaufgabe. Die Architektur befindet sich in einer immer stärker ökologisch determinierten Gesellschaft inmitten eines Paradigmenwechsels, wie es ihn niemals zuvor in der Geschichte gegeben hat.

In vielen Ländern der Welt entstehen komplette Öko-, Solar- und Niedrigenergie-Siedlungen, in denen es darum geht, den „Ökologischen Fußabdruck" ihrer Bewohner zu verringern. Mehr als 340 solcher „nachhaltigen" Siedlungen gibt es inzwischen in Europa, über 170 davon allein in Deutschland.

Die Öko-Avantgarde: Von qualmenden Schornsteinen zum Haus mit Energieüberschuss

Weltweit erfahren Initiativen wie das Global Ecovillage Network (www.ecovillage.org und www.gen-europe.org), das Ecocity Project (www.ecocityprojects.net) oder Cittaslow (www.cittaslow.net) immer größeren Zuspruch. Das Ziel dieser Initiativen ist der Einsatz von regenerativen Energien, um durch ganzheitliche Lösungen zum Klimaschutz, zur Ressourcenschonung sowie zur Verbesserung der sozialen Qualitäten in Städten und Regionen beizutragen. Während Niedrigenergiehäuser in Deutschland inzwischen zum Standard im Baugewerbe geworden sind, wird das bald in allen Industrieländern der Fall sein und sich langfristig auch in den wachstumsstarken Schwellenländern etablieren.

Die Zukunft aber liegt im Nullenergiehaus oder sogar Plusenergiehaus – Häuser also, die dank modernster Umwelttechnik in der Bilanz so viel oder gar mehr Energie generieren, als zu ihrer Nutzung nötig ist. Die Kosteneinsparung ist dabei nur ein Anreiz. Ebenso wichtig ist das gute Gefühl der Bewohner, „das Richtige" zu tun. So rentiert sich der Bau eines Passivhauses im Kosten-Nutzen-Kalkül der LOHAS doppelt.

LOHAS sein heißt: Urban leben – am besten mitten im Grünen

Aber so weit muss man gar nicht gehen, um zu verstehen, wonach die LOHAS suchen: ein Leben in grüner Idylle und ländlichem Ambiente, ohne auf die Vorzüge des Urbanen und Metropolitanen verzichten zu müssen.

- **Die Neuaneignung kleinbürgerlicher Naturverklärung**: In Deutschland erleben die Schrebergärten derzeit ein hippes Comeback. Eine steigende Zahl junger Städter pachtet auf der Suche nach Entspannung und Entschleunigung reihenweise Parzellen, um dort die Freizeit zu verbringen. Durch kreative (Garten-) Architektur und subversive Auslegung der Vereinsregeln unterscheidet sich die neue Generation der Laubenpieper von den kleinbürgerlichen Subsistenzwirtschaftlern vergangener Jahrzehnte.

- **LOHAS besetzen die Exurbs**: In den USA lebt laut neuen statistischen Erhebungen bereits jeder zehnte Bewohner in den Exurbs, den ländlichen Gebieten abseits der Großstädte und der heruntergekommenen Suburbs. Die Vorteile liegen auf der Hand: Geringere Kosten gegenüber den horrenden Mieten in den Großstädten, mehr Familienfreundlichkeit, Natur und Sicherheit vor Kriminalität, die gerade auch in den Suburbs gestiegen ist. Die Vereinbarkeit des „Landlebens" mit dem Job ist dank moderner Kommunikationstechnologien und Breitbandvernetzung auch der ländlichen Regionen heute kein Problem mehr.

- **LOHAS-Wohnstil par excellence in England**: In England spezialisieren sich Immobilienfirmen wie die Lower Mill Estate auf naturnahes Wohnen und ökologische Bauweise (www.lowermillestate.com). In Zusammenarbeit mit den renommiertesten Architekten Großbritanniens und der Welt setzen sie mit großem Erfolg auf die Verbindung von Naturschutz, modernem Komfort, Luxus und Design.

- **Traumziele postmaterieller Welteroberer**: Anbieter in der Touristikbranche gehörten zu den ersten, bei denen ein ökologisches Umdenken einsetzte. Immer öfter wird hier erkannt, dass langfristiges Wachstum vor allem im Premium-, aber auch im Mittelklassesegment künftig ohne Konzepte, die im Einklang mit der Natur stehen, nicht mehr erreicht werden kann. Designhotels wie das Vigilius Mountain Ressort in Südtirol fügen sich daher heute nahtlos in die Berglandschaft ein (www.vigilius.it). Erklärtes Ziel des Architekten Matteo Thuns ist es, die Grenze zwischen Architektur und Natur aufzuheben. Auf 1.500 Metern Höhe ist es nur per Seilbahn oder zu Fuß erreichbar und verspricht Gästen einen Ort der Ruhe und Entspannung. Es bietet Luxus ohne Protz. Beheizt wird es mit einer kohlendioxidneutralen Biomasseanlage und gewann zahlreiche Auszeichnungen wie den Klimahaus-Preis „A" oder den GEO-Spezial-Award „Bestes Designhotel".

Die Stadt der Zukunft setzt auf Lebensqualität und Greenstyle

Einer der wichtigsten Maßstäbe des Lifestyle of Health and Sustainability ist Lebensqualität. Und diese wird heute von der Mehrheit der Menschen mit einer intakten und gesunden Umwelt in Verbindung gebracht: Fragt man etwa die Europäer, sagen sieben von zehn, dass der Zustand der Umwelt ihre persönliche Lebensqualität beeinflusst. In Ländern mit vergleichsweise geringen Öko-Standards, die besonders von Umweltproblemen betroffen oder vom Tourismus abhängig sind, ist die Zustimmung überdurchschnittlich hoch.

Downshifting-Städte und „Slow-Citys"

„Downshifting" nennen wir den Trend zum einfacheren, „entschleunigten" und ökologischeren Leben. Bezogen aufs Wohnen und das Leben in der Stadt oder auf dem Land, bedeutet das:

- mehr Nachbarschaft statt Konsum,
- mehr Natur statt Autos,
- mehr soziale Bindungen statt Alltagsstress,
- mehr Lokalität und Regionalität statt Globalisierung.

Dieser Trend wird jetzt auch für Urbanistikkonzepte fruchtbar gemacht. Eine solche Downshifting-City ist beispielsweise SocióPolis: 13 namhafte Architektenteams entwarfen einen Masterplan für einen neuen Stadtteil der spanischen Stadt Valencia, wo Urbanität auf agrarische Nutzflächen trifft und die Vision einer solidarischen Stadtgemeinschaft Realität werden soll. Die innovative urbane Architektur stellt sich den Pluralitäten und Asymmetrien einer globalisierten Welt und gibt gleichzeitig eine Antwort auf die vielfältigen und hybriden Lebensstile. Neben dem Ziel der Förderung und Entwicklung einer besseren sozialen Interaktion der Bewohner sieht der

Entwurf der autofreien Stadt vor, ausnahmslos jedem Gebäude ein Grundstück mit landwirtschaftlicher Nutzfläche zuzuordnen (www.sociopolis.net).

Urban Farming ist einer der wichtigsten Begriffe der Stadtarchitektur der Zukunft. „Ökologische Städte müssen Landwirtschaft betreiben", sagt Jac Smith, Präsident des „Urban Agriculture Network". Mit intensiver Nahrungsproduktion an den Rändern oder inmitten der Stadt soll der ökologische Fußabdruck der Bewohner verringert werden.

Vom Fast Food zum Slow Food war der Ursprungsgedanke der Slow-Bewegung im Ursprungsland Italien. Das gleiche Ziel verfolgt auch „cittaslow", eine internationale Vereinigung lebenswerter Städte, die Menschen nicht mehr nur in puncto Lebens(mittel)qualität und ursprünglicher, hochwertiger Esskultur „entschleunigen" will (www.cittaslow.net). Über die Veredelung des Kulinarischen hinaus haben sich die Städte und Gemeinden mit dem Label „cittaslow" der Wahrung des kulturellen Erbes und der Erhöhung urbaner Lebensqualität verschrieben. Darunter fallen nicht nur die Förderung des ortsansässigen Handwerks und ökologischer Landwirtschaft sowie die Bereitstellung von Verkaufsflächen für einheimische, regionaltypische und Bio-Produkte, sondern auch die Nutzung moderner Umwelttechnologien, alternativer Energien und umweltfreundlicher Verkehrssysteme. Abfallkonzepte setzten selbstverständlich auf Mehrweg und Recycling. Bei der innerstädtischen Mobilität haben Busse, Bahnen und Fahrräder Vorrang. Großer Wert wird auf behindertengerechte Einrichtungen, Bürgernähe, Naherholungsgebiete und Grünanlagen gelegt. Flächenversiegelung ist tabu. Dabei geht es nicht um konservativen Lokalpatriotismus, sondern um Weltoffenheit und Gastfreundschaft. Zugleich wird stets darauf geachtet, dass der Ansatz nicht zu einer rein touristischen Marketingmaßnahme verkommt. Die orangefarbene Schnecke, das Markenzeichen der „langsamen" Städte, darf nur behalten, wer langfristig sozial und ökologisch nachhaltig handelt.

Immer mehr Städte interessieren sich für das Prädikat „Slow-City", über 300 Anfragen aus aller Welt liegen inzwischen vor. Europaweit können sich bereits über 50 Orte mit der Bezeichnung schmücken. In Deutschland sind es bislang nur fünf: Hersbruck, Lüdinghausen, Schwarzenbruck, Überlingen und Waldkirch. Die Slow-Citys erfreuen sich steigender Besucherzahlen: Gäste aus dem In- und Ausland, die sich für die Bewegung interessieren.

Grüne Strategien werden im internationalen Standortwettbewerb immer wichtiger

Im Wissenszeitalter entscheidet eine hohe Lebensqualität von Städten und Regionen mehr denn je über deren Prosperität und Zukunftsfähigkeit. Denn im internationalen „War for Talents", dem Wettstreit um die besten Köpfe, ist Lebensqualität ein zentraler Anreiz für den Zuzug gut ausgebildeter Arbeitskräfte. Für immer mehr Städte und Kommunen wird daher die ökologisch-soziale Strategie wichtig:

- Der Öko-Chic regiert Europas Finanzmetropole und London wird zum Greenomics-Hotspot. Die Öko-Kampagne „Future London – Footprints of a Generation" fördert und fordert den Green Lifestyle der wichtigsten Finanzdrehscheibe Europas, die zugleich globaler Hotspot in der Wissensökonomie ist. Neben ökologischen Fakten und mahnenden Szenarien zum umweltschädlichen Verhalten weist ein „Ecological City Guide" den Londonern die Wege zu Läden mit ökologischen Lebensmitteln und Modelabels, Fairtrade-Produkten und -Dienstleistungen, alternativ-medizinischen Angeboten sowie anderen umweltfreundlichen Unternehmungen. Wichtiger Nebeneffekt: In den sechs Future-London-Bezirken werden die kreativen Köpfe der Stadt zusammengeführt und gleichzeitig zu Clubbing und Wissensaustausch eingeladen.
- New York wird grün. Die Megacity wird in den nächsten 25 Jahren um eine Million Einwohner wachsen. Ohne eine Reduzierung der Treibhausgase könnte das zu einem Desaster führen. Ziel ist es daher, den Ausstoß der Treibhausgase um 30 Prozent zu verringern. Mit „PlaNYC" lieferte Bürgermeister Michael R. Bloomberg 2007 den Entwurf für „die erste ökologisch nachhaltige Stadt des

21. Jahrhunderts". Das Projekt umfasst mehr als 120 Vorhaben, Verordnungen und Vorschriften, etwa eine City-Maut und Steuerbefreiung für Käufer umweltfreundlicher Autos. Über verkehrsreiche Straßen und Eisenbahnlinien sollen Plattformen erbaut und darauf Wohngebäude errichtet werden. Hausbesitzer sollen gefördert werden, wenn sie Wasser wiederverwenden – etwa zur Toilettenspülung. In zehn Jahren sollen eine Million Bäume gepflanzt werden, und mehr Busspuren sollen ein Programm von Super-Express-Bussen ermöglichen. Die Energie-Infrastruktur soll verbessert, sehr umweltschädliche Kraftwerke sollen geschlossen werden. Zudem sollen Hunderte Schulhöfe auch als Spielplätze verwendet und im gesamten Stadtgebiet Fahrradwege angelegt werden. Künftig soll jeder Einwohner maximal zehn Minuten zu Fuß zum nächsten Park brauchen.

- Es geht aber auch bodenständiger und bauernschlau: Das österreichische Städtchen Güssing hat sich kürzlich ganz dreist als „Europäisches Zentrum für erneuerbare Energien" aufgestellt. Aber das ist nicht nur alles Marketing. In dem Örtchen nahe der ungarischen Grenze gibt es ein Biomassekraftwerk, mit Nah- und Fernwärme wird experimentiert, Biodiesel- und Biogasanlage sowie Photovoltaikanlage sorgen für den postfossilen Energiemix. Über die Produktion von Methan aus Holz wird ebenso nachgedacht wie über Benzin und Diesel aus Holz, über Brennstoffzellen in der Energieversorgung und die Wasserstofferzeugung aus Biomasse. Güssing ist weltweit wohl der erste Ort, der Geld durch Ökoenergietourismus verdient. Interessierte aus der ganzen Welt sind willkommen, um sich zu Seminaren, Energieschulwochen und Firmenbesichtigungen einzufinden. Das Hotel com.inn entspricht natürlich den höchsten Anforderungen an Nachhaltigkeit und modernen Komfort. Güssing hat durch seine Initiativen in kurzer Zeit mehr als 1.000 Arbeitsplätze geschaffen und verdient mit der Produktion von postfossiler Energie jährlich mehr als 10 Millionen Euro.
- Vom Anti-AKW-Dorf zur Millionenfirma: Aus der alten Ökoszene und aus den Bürgerbewegungen der 1980er Jahre kommend sind die sogenannten Schönauer Stromrebellen in den vergangenen

Jahren richtig durchgestartet. Die Elektrizitätswerke Schönau (EWS) aus dem Schwarzwald versorgen 45.000 Kunden in ganz Deutschland und erwirtschaften einen jährlichen Umsatz von 24 Millionen Euro. Das Unternehmen, das 750 Bürgern gehört, ging aus einer Antiatomkraft-Bürgerinitiative anlässlich der Tschernobyl-Katastrophe hervor. Wer noch zu Zeiten des Strommonopols über die eigene Energieversorgung bestimmen wollte, musste sein eigenes Stromnetz kaufen. Die Schönauer taten das, und als 1998 der europäische Strommarkt liberalisiert wurde, konnten sie ihre „Schönauer Rebellenkraft" auch exportieren. Werbung treiben brauchen sie für ihr Produkt nicht, für Bekanntheit sorgt die ganz besondere Dorfhistorie. Die Stromrebellen erhielten in diesem Jahr beim Deutschen Gründerpreis einen Sonderpreis für ihren Mut und Starrsinn.

- Britain's Greenest City: London baut den ersten Stadtteil für die Kreative Klasse. Ähnlich wie China mit Dongtan will London mit dem Bau einer Mini-Eco-City in Newham zeigen, dass Häuser- und Städtebau auch ohne negative Folgen für das globale Klima stattfinden können. Nahezu 1.000 Häuser wird die Ministadt umfassen. Dabei ist das Ziel alles andere als minimal: Mit dem Projekt der Mini-Ökostädte untermauert London abermals seine Absicht, als „Britain's Greenest City" zu gelten, setzt nebenbei gleichzeitig Maßstäbe für den Rest Großbritanniens und baut die erste Community für die Kreative Klasse.

- Auch wenn die englische Stadt Bradford sich letztlich nicht mit dem Titel „Europäische Kulturhauptstadt 2008" schmücken darf, hat der im Jahr 2003 initiierte visionäre Masterplan zur Zukunft der Stadt einiges an positiven Veränderungen bewirkt. Bradford ist in Großbritannien die heute am schnellsten wachsende Metropole (ausgenommen London). Der geschätzte Bevölkerungszuwachs bis 2015 liegt bei 8,5 Prozent (regionaler Durchschnitt: 3 Prozent). Neben den gewerblichen Mieten in Höhe von bis zu 39 Prozent (in Leeds: 4 Prozent, in Manchester: 20 Prozent) sind auch die Preise für Eigenheime zwischen 2003 und 2005 um 35 Prozent angestiegen. Der spektakuläre Zukunftsplan für Bradford verspricht vier neue Wohlfühl-Viertel (The Bowl, The Channel,

The Market und The Valley), die – mit viel Grün und großen Wasserflächen ausgestattet – reichlich Freizeitmöglichkeiten, Orte der Begegnung, Konsum- und Business-Gelegenheiten, aber auch Bildungs- und Kulturangebote auf ihren Wegweisern haben.

- Die schottische Hauptstadt Edinburgh hat sich zum Ziel gesetzt, bis zum Jahr 2015 die „Most Sustainable City in Northern Europe" zu werden. Bis dahin will sich die Stadt zu einer grünen Metropole verwandeln und ihren Bewohnern die höchste Lebensqualität bieten, verglichen mit allen anderen Städten im Vereinigten Königreich. Eine kreative Stadt ist jedoch nichts ohne ihre Bewohner: Die sollen Edinburgh zu einer „lernenden Stadt" machen. Zu diesem Zweck stellt Edinburgh auf seiner Homepage Informationen zum nachhaltigen Bauen, zum Fairtrade sowie zu Energie- und Wassersparmaßnahmen bereit.

- Die Kehrseite der Medaille bekommt derzeit Hongkong zu spüren: Das Wahrzeichen der Wirtschaftsmetropole sind nicht mehr wie einst die Hochhäuser, sondern der massive Smog, hervorgerufen vor allem durch Abgase der benachbarten Provinzen. Angesichts der massiven Luftverschmutzung erfüllt die Megacity laut der NGO Civic Exchange nur noch an einem von zehn Tagen die Richtwerte der Weltgesundheitsorganisation. Inzwischen treibt die schlechte Luftqualität immer mehr qualifizierte Arbeitskräfte aus der Stadt. Die Umweltverschmutzung wird so zum Standortnachteil. Wie ernst das Problem ist, zeigt sich daran, dass die Investmentbank Merrill Lynch angesichts der schnell sinkenden Attraktivität Hongkongs ihre Empfehlung für Hongkonger Immobilienunternehmen bereits von „neutral" auf „verkaufen" geändert hat.

- Wie Hongkong droht ganz China der ökologische Kollaps – eine Folge der rücksichtslosen Industrialisierung und Verstädterung der vergangenen 25 Jahre. Die steigende Urbanisierung ist eine der Hauptbelastungen für Chinas Umwelt. Die langfristig negativen Auswirkungen der Umweltverschmutzung auf die wirtschaftliche Zukunft des Landes hat inzwischen auch die Regierung erkannt und sich für die kommenden Jahre ehrgeizige Ziele gesetzt: Bis 2010 soll die Wirtschaft rund ein Fünftel weniger

Energie verbrauchen, bis 2020 will China 16 Prozent seiner Energie aus erneuerbaren Quellen produzieren und dafür 187 Milliarden US-Dollar investieren. Im Jahr 2030 sollen es bereits 30 Prozent sein. Um das zu erreichen, setzt die Volksrepublik deutliche Nachhaltigkeitsanreize, unter anderem für den Bau umweltfreundlicher Häuser. Und so entstehen im Reich der Mitte ganze „Nachhaltigkeitsstädte", die – am Reißbrett geplant – von vornherein auf geringen Energieverbrauch und Ressourcenschonung ausgerichtet sind.

- Die erste Öko-Stadt der Welt ist Dongtan City in der Nähe von Shanghai. Hier wird die Idee der grünen Stadt ökologisch-technologisch auf den neuesten Stand gebracht. „Ecologically sensitive design will be a key element of the masterplan ... This urban centre, where people will be able to live and work in a high-quality environment, could be the template for sustainability in city planning, not only in China but elsewhere in the world", betonen die Stadtplaner der internationalen ARUP-Gruppe, die die Öko-Stadt für die Shanghai Industrial Investment Corporation entworfen haben (www.arup.com/eastasia/project.cfm?page-id=7047). Aus dem Zentrum der 500.000-Einwohner-Stadt, die etwa drei Viertel so groß ist wie Manhattan, sind Autos verbannt. Fortbewegen kann man sich im Grunde nur zu Fuß, per Rad, Wassertaxi oder mit öffentlichen Verkehrsmitteln (mit Elektro- und Wasserstoffantrieb). Öko heißt in Dongtan vor allem „zero emission": Bis zu 100 Prozent der benötigten Energie sollen aus erneuerbaren Ressourcen gewonnen werden. Der erste Bauabschnitt wird bis 2010 fertiggestellt sein – pünktlich zur Expo, die nicht zufällig unter dem Motto „Better City – Better Life" stehen wird.

- Auch andere Städte Ostasiens sind Vorreiter, wenn es um die Steigerung der Lebensqualität durch grüne Strategien geht: In der chinesischen Metropole Kunming, mit über vier Millionen Einwohnern, ist bereits heute fast jedes Hausdach mit Sonnenkollektoren ausgestattet.

- Im Süden von Seoul wird bis 2020 die New Songdo City errichtet. Die vollständige digitale Vernetzung sämtlicher Wohnungen und

Büros der „Ubiquitous City" ist nur ein Charakteristikum, ebenso zukunftsweisend ist die grüne Stadtstruktur mit viel Freiflächen und einem riesigen Park, umgeben von Kanälen. Mit New Songdo City wird Südkorea in Zukunft noch stärker von seiner geografischen Lage profitieren:

- In der Nähe des „Business Hubs" befinden sich 60 Millionenstädte mit einer Wirtschaftsleistung von insgesamt 1,3 Billionen US-Dollar (BIP).
- Knapp ein Drittel der Weltbevölkerung lässt sich von New Songdo City aus in weniger als drei Stunden Flugzeit erreichen.
- Über eine 11 Kilometer lange Autobahnbrücke wird die grünurbane Insel mit dem neuen Flughafen Incheons, der drittgrößten Stadt Südkoreas, verbunden sein und gehört damit gleichzeitig zu einer der drei Freihandelszonen des Landes.

• Ein weiteres beeindruckendes Ergebnis der ökologischen Standortentwicklung ist der Bau des Pearl River Tower in der chinesischen 10-Millionen-Einwohner-Stadt Guangzhou: Der erste „Nullenergie"-Wolkenkratzer der Welt soll dort 2009 fertiggestellt werden. Die intelligente Konstruktion und die innovative Architektur des über 300 Meter hohen Towers zielten nicht nur auf ein Maximum an Energieeffizienz, sodass der Verbrauch um rund 40 Prozent gesenkt werden kann. Letztlich wird das Gebäude mittels Windturbinen, Sonnenkollektoren und Regenwasser-Auffanganlagen etc. mehr Energie aus seiner Umgebung gewinnen, als für seinen Betrieb selbst benötigt wird. Der Bau des Pearl River Tower ist ein weiterer zukunftsweisender Durchbruch in der internationalen Architektur und wegweisend für die Stadtplaner weltweit.

• Entworfen wurde der Pearl River Tower von dem renommierten Architektur- und Planungsbüro Skidmore, Owings & Merrill, das 2004 auch schon den Wettbewerb für einen umweltfreundlichen Stadtentwurf für Chongming Island gewonnen hatte, eine 750 Quadratmeilen große Insel an der Mündung des Yangtze. Der Masterplan für den rapide wachsenden, 600.000 Einwohner großen Regierungsbezirk von Shanghai sieht drei neue Städte und eine Transport-Infrastruktur vor und will zugleich Sümpfe, Wälder, bedrohte Flora, Fauna und Landwirtschaft schützen (www.som.com).

- Auch auf dem australischen Kontinent wächst die Popularität der Eco-City-Idee angesichts steigender Rohstoffpreise, katastrophaler Folgen des Klimawandels und eines erwachenden ökologischen Bewusstseins (www.ecopolisnow.com; www.ecopolis.com.au). Grundgedanke ist eine „integrierte Vertikalität" dieser Städte: Versorgungs- und Logistikfunktionen werden nicht mehr in die Fläche externalisiert, sondern innerhalb der Städte integriert. Gebäude produzieren Energie, städtische Freiräume dienen der Lebensmittelproduktion, Natur und Architektur werden deutlicher und konsequenter miteinander verwoben. Damit steigt die Effektivität der Energienutzung, und die Versorgungskosten sinken.

Fazit

Der Urbanisierungstrend schafft in den kommenden Jahren einen neuen globalen Megamarkt für Umwelttechnik und nachhaltige Standortentwicklung. Davon werden auch etliche deutsche Firmen profitieren, die Know-how beisteuern und Anlagen errichten.

Im Zeitalter der Globalisierung und der Wissensgesellschaft treten die Standorte immer stärker in internationalen Wettbewerb um die kreativsten und klügsten Köpfe. Die Attraktivität für die gefragten High Potentials, zu denen gerade auch die vielfach hoch qualifizierten LOHAS zählen, ist immer stärker mit Fragen der Lebensqualität verknüpft.

2. Grünes Geld: Rendite mit grüner Zukunft – die Öko-Zukunft der Börse

LOHAS als Pioniere des „Socially Responsible Investment" (SRI)

Der Lifestyle of Health and Sustainability macht sich längst nicht nur auf den Märkten der „Fast Moving Consumer Goods" oder einzelner langlebiger Gebrauchsgüter bemerkbar. Gerade auch bei Konsumentscheidungen mit langfristiger Perspektive werden immer öfter Maßstäbe angelegt, die die neue LOHAS-Ökonomie charakterisieren. Das zeigt gerade auch die steigende Zahl umwelt- und nachhaltigkeitsorientierter Publikumsfonds. Diese für die breite Öffentlichkeit aufgelegten Investmentfonds, die nicht nur klassische Kriterien wie Rentabilität, Liquidität und Risiko, sondern auch ökologische, soziale und/oder ethische Aspekte berücksichtigen, haben in Europa – aber eben nicht nur hier – in den vergangenen Jahren deutlich zugelegt. Und das keineswegs nur in ihrer zahlenmäßigen Verbreitung – die Dynamik des Trends ist extrem hoch. Belege hierfür:

- Ihr Anlagevolumen lag Anfang 2006 in Europa bei rund 25 Milliarden Euro und hat sich damit innerhalb von nur drei Jahren mehr als verdoppelt.
- Allein im deutschsprachigen Raum gibt es derzeit rund 130 derartige Fonds. Es sind längst nicht nur Big Player wie die Deutsche Bank & Co., die das Nachfragepotenzial erkannt haben. Selbst die Südtiroler Raiffeisenkassen machen ihren Kunden inzwischen Angebote zum „Ethical Banking": Auch hier können Anleger bei der Investition heute zwischen einer Vielzahl von Projekten wählen – von biologischer Landwirtschaft über Fairtrade bis hin zu einem Frauen-Fonds.
- Der Markt dafür boomt und wächst um ein Vielfaches schneller als der übrige Fondsmarkt: Analysen des Sustainable Business Institute (SBI) der European Business School zufolge hat sich das Anlagevolumen im deutschsprachigen Raum seit dem Jahr 2000

von 1,6 Milliarden Euro auf 15 Milliarden Euro bis Ende September 2006 vervielfacht.

• Gemessen an allen deutschen Publikumsfonds haben „grüne Geldanlagen" mit einem Volumen von 4,1 Milliarden Euro zwar bislang nur einen Marktanteil im niedrigen einstelligen Prozentbereich. Aber der Trend belegt deutlich den Ausbruch aus dem Nischendasein und den Einzug in den Mainstream der Finanzwelt.

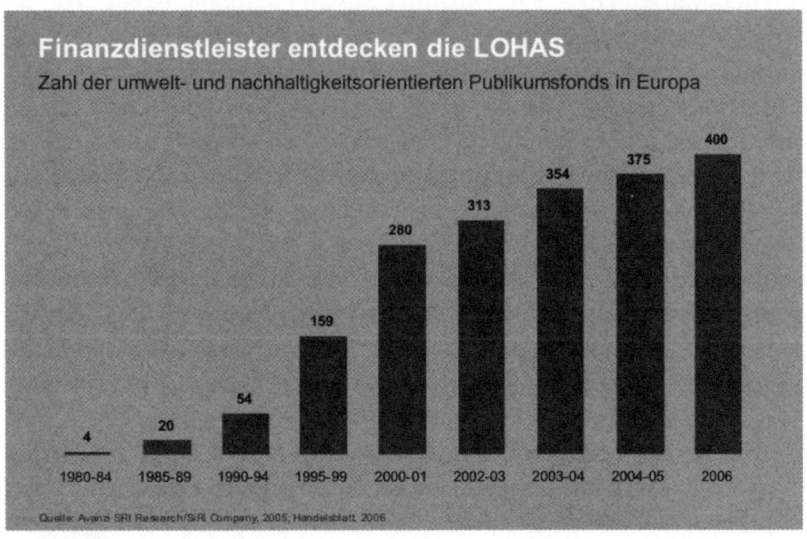

Abbildung 3: Finanzdienstleister entdecken die LOHAS

Nachhaltige Publikumsfonds für Privatanleger machen denn auch nur einen kleinen Teil des Marktes für nachhaltige Kapitalanlagen aus. Der weitaus größere besteht aus Anlagemodellen für Vermögende und institutionelle Anleger. Nach Schätzungen des SBI muss der gesamte europäische Markt für nachhaltige Investments derzeit auf 1,3 Billionen Euro beziffert werden. Das entspricht 10 bis 15 Prozent des Gesamtkapitalmarktes. Auch in den USA sind inzwischen deutlich über 10 Prozent aller Gelder nachhaltig angelegt, was einem Vermögenswert von mehr als 2 Billionen US-Dollar entspricht.

Vor allem innovative Energie- und Umwelttechnik rückt in den Fokus institutioneller Anleger. In den USA investieren immer mehr Wagniskapitalgeber in wachsendem Maße in die Green-Tech-Märkte und finanzieren so innovative Start-ups und findige Geister. Risikofreudige Investoren investierten laut Marktanalysen des US-amerikanischen Beratungsunternehmens Clean Edge im Jahr 2006 über 2,4 Milliarden US-Dollar in die grüne Branche – fast dreimal mehr als 2005 (917 Millionen US-Dollar). Insgesamt sind 2006 so fast 10 Prozent des gesamten Wagniskapitals in den USA in die Branche für Energie- und Umwelttechnik geflossen. 2005 lag der Anteil noch bei gerade einmal 4,2 Prozent.

Der Risikokapitalgeber KPCB beispielsweise – einer der ersten, die ihr Geld in Amazon, Google und Sun Microsystems investierten – steckt mittlerweile bis zu ein Drittel seines Kapitals in erneuerbare Energie. In den nächsten Jahren werden es mindestens 100 Millionen Dollar sein. Auch Geldgeber wie Khosla Ventures und Nth Power setzen auf den Öko-Trend und treiben den grünen Boom weiter voran.

Vor allem das Silicon Valley, Zentrum der Computer- und Internetökonomie, wird grün. Die Zukunft des legendären Gründerortes in Kalifornien gehört Leuten, die mit dem Klimawandel Geld verdienen wollen. Flankiert von der Umweltpolitik von Gouverneur Schwarzenegger und den hohen Ölpreisen setzen hier inzwischen Duzende Firmengründer in großem Maßstab nicht auf Computer und Internet, sondern auf Energie- und Umwelttechnik.

Anlagen mit doppeltem Gewinn: Hohe Rendite plus gutes Gewissen

Diverse wissenschaftliche Analysen belegen, dass die Geldanlage mit gutem Gewissen nicht auf Kosten der Rendite gehen muss.

- Eines der besten Beispiele für die Entwicklung dieser „grünen Geld-anlagen" ist der Naturaktienindex NAI, in dem inzwischen 30 Unternehmen weltweit gelistet sind: Er gilt in der Branche nicht nur als die konsequenteste Umsetzung, sondern zeigt auch, dass grüne Geldanlage nicht mit Renditeverzicht einhergehen

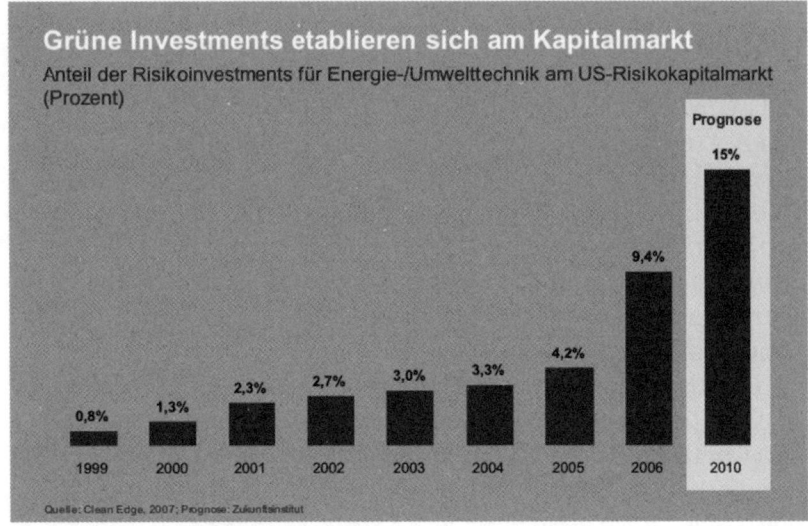

Abbildung 4: Grüne Investments

muss. Seit seiner Markteinführung 1997 hat der NAI dem Magazin *FINANZtest* (Stiftung Warentest) zufolge ganze 306 Prozent zugelegt, ein Plus von durchschnittlich 15,6 Prozent pro Jahr (auf Euro-Basis gerechnet). Im Vergleich dazu hat sich der konventionelle Aktienindex MSCI World im selben Zeitraum nur um jährlich 6,7 Prozent verbessert. Das untermauert, dass Investments im Nachhaltigkeitsbereich bei der langfristigen Wertentwicklung deutlich vorn liegen.

- Die Spitzenreiter unter den nachhaltigkeitsorientierten Aktienfonds erzielten über die letzten drei Jahre gerechnet eine durchschnittliche Rendite von stattlichen 20 Prozent, einzelne sogar bis zu 70 Prozent.
- Auch im Dauertest von *FINANZtest* schneiden grüne Fonds wie der Green Effects, ÖkoVision oder EcoTech überdurchschnittlich ab.

Das beweist nachdrücklich den positiven Zusammenhang zwischen der Rendite eines Unternehmens und seinem gesellschaftlichen oder ökologischen Engagement. Nachhaltiges Wirtschaften im Hinblick auf hohe Umwelt- und Sozialstandards wirkt sich deshalb langfristig positiv auf den Unternehmenserfolg aus.

Prognose: Wie Nachhaltigkeit in Zukunft die Börse verändert

Der Nachfrageboom bei Nachhaltigkeitsfonds reißt nicht ab und verändert die weltweiten Finanzmärkte mit rasantem Tempo.

- Langfristig orientierte Anleger werden Umwelt- und Sozialaspekten künftig immer größere Aufmerksamkeit schenken. Insbesondere in Deutschland haben grüne Geldanlagen bei Privatinvestoren großes Wachstumspotenzial. Obwohl die Finanzdienstleister hierzulande derartige Produkte bislang kaum bewerben und vermarkten, sind 62 Prozent der von ABN Amro Asset Management befragten Privatanleger bereit, ihr Geld in ökologisch und sozial verantwortungsvolle Anlageformen zu investieren.
- Die Vermögensverwalter rechnen mit einer Verdreifachung des Anlagevolumens bis Ende 2008.
- Auch Großinvestoren werden in den kommenden Jahren den Anteil ihres sozial, ethisch und ökologisch verantwortungsvoll angelegten Kapitals deutlich steigern. Die Nachfrage nach Fonds und Ratingagenturen im Bereich ethischer, ökologischer und sozial nachhaltiger Investments nimmt stetig zu. Schon heute vergeben Investoren mehr Aufträge an Broker, die in ihre Finanzanalysen diese zentralen Nachhaltigkeitskriterien integrieren, als an solche, die derart umfassende Analysen nicht durchführen.

Im Sommer 2006 hat eine große Gruppe von Fondsmanagern und institutionellen Anlegern (u.a. die Münchner Rück) mit über 4 Billionen US-Dollar verwaltetem Vermögen die „Principles for Responsible Investment" (PRI) der Vereinten Nationen unterzeichnet und verpflichtet sich darauf, bei künftigen Kapitalanlagen Umwelt-, Sozial- und Governance-Kriterien einzuhalten. Forciert wird dieser Trend zur Erweiterung der Finanzanalyse um Nachhaltigkeitsaspekte auch durch die „Enhanced Analytics Initiative", in der sich europäische Vermögensverwalter, Pensionsfonds und Stiftungen mit insgesamt 1,2 Billionen Euro verwaltetem Vermögen zusammengeschlossen haben. Ähnliches verfolgt die Global Corporate Citizenship Initiative des World Economic Forum mit seinem Projekt „Mainstreaming Responsible Investment".

- Bis 2017 wird die Integration von Umwelt- und Sozialkriterien in die Aktienanalyse dann auch gängige Praxis sein. Folglich steigt das Interesse von Unternehmen, in diesen Fonds und Indizes gelistet zu werden sowie in den Ratings gut abzuschneiden. Firmen, die diese Kriterien nicht erfüllen, bekommen spätestens dann erhebliche Probleme am Kapitalmarkt. Die Bedeutung dieses Wandels muss also frühzeitig erkannt und die Unternehmensführung entsprechend angepasst werden.

Die Macht der Kunden bestimmt zukünftig die Agenda der Unternehmen. Schon heute nutzen vor allem in den USA Großanleger ihre Macht als Aktionäre, setzen grüne Themen auf die Agenden von Hauptversammlungen und bringen Unternehmen in Zugzwang.

- Der US-Pensionsfonds CalPERS beispielsweise hat 2005 gemeinsam mit anderen Großanlegern den Automobilkonzernen Ford und General Motors damit gedroht, ihnen Kapitalanteile zu entziehen, sollten sie nicht ihre Treibhausgasemissionen veröffentlichen und Strategien zum Klimaschutz entwickeln. Zumindest Ford kam den Forderungen umgehend nach.
- Wegen schlechter ethischer Bewertungen haben große Pensionsfonds Wal-Mart-Aktien aus ihrem Portfolio gestrichen. Die Folge: Das umsatzstärkste Einzelhandelsunternehmen der Welt will in den kommenden fünf Jahren alle Filialen nur noch mit erneuerbarer Energie betreiben, Bio-Produkte wurden bereits ins Sortiment aufgenommen.
- Auch der britische Vermögensverwalter F&C Asset Management führt im Interesse seiner Aktionäre mit einer Reihe großer börsennotierter Unternehmen kontinuierliche Dialoge zu den

Themen Unternehmensführung, Umwelt, Soziales und Ethik. Unter anderem mit dem Ergebnis, dass IBM 2004 die vorgeschlagenen Verhaltensrichtlinien für Zulieferer zu Arbeitsbedingungen und Umweltmanagement übernahm. Zum anderen bündelt F&C die Stimmrechte vieler Investoren und drängt so Unternehmen zur Einhaltung beziehungsweise Einführung internationaler Standards.

Fazit

Ethisch-ökologische Kriterien und Nachhaltigkeit werden zum Anlage-Trend. Auch darin spiegelt sich der Einfluss des Lifestyle of Health and Sustainability. Der LOHAS-Trend ist offenbar alles andere als ein kurzfristiges Phänomen. Es geht nicht mehr nur um einzelne spontane Kaufscheidungen der Konsumenten zur imageträchtigen Selbstdarstellung als Gutmenschen, vielmehr zeigen sich daran die Konturen einer neuen Ökonomie.

Entscheidend ist: Im Zeitalter der Globalisierung sind Unternehmen und Wirtschaftsstandorte immer stärker von den internationalen Kapitalmärkten und Finanzströmen abhängig. Wer sich also nicht rechtzeitig auf die wachsende Bedeutung dieser neuen Business-Moral einstellt, läuft Gefahr langfristig den Anschluss an die Märkte zu verlieren.

3. Corporate Social Responsibility: Neue Business-Moral oder moderner Ablasshandel?

Die beschriebene Entwicklung grüner Geldanlagen und nachhaltiger Investments beschreibt, wie sich das globale Wirtschaftssystems in Richtung einer spezifischen LOHAS-Ökonomie wandelt. Aber nicht etwa nur börsennotierte Unternehmen sind von diesem Wandel betroffen. Soziales und ökologisches Engagement erleichtert es allen Firmen, zum Beispiel öffentliche Investitionen, Kredite oder die Genehmigung für den Bau des nächsten Werks einzuwerben.

Dass sich diese Einsicht bei immer mehr Beteiligten durchsetzt, wird auch an der steigenden Mitgliederzahl im Global Compact der Vereinten Nationen (UN) deutlich. Dabei handelt es sich um einen „weltumspannenden Pakt" zur Umsetzung sozialer und ökologischer Prinzipien in der globalen Wirtschaft. Seit dem Startschuss Mitte 2000 ist die Zahl der Organisationen, die den Global Compact unterzeichnet haben, auf fast 4.700 gewachsen. Mehr als 3.500 davon sind Wirtschaftsunternehmen aus 100 Ländern. Er ist damit die weltweit größte Initiative auf dem Gebiet von Corporate Responsibility. Die Unterzeichner verpflichten sich dabei zur Einhaltung einer ganzen Reihe von Prinzipien im Bereich Menschenrechte, Arbeitsbeziehungen, Umweltschutz und Korruptionsbekämpfung.

Die neue Business-Moral ist mehr als nur Goodwill und PR

Obwohl die Einhaltung der Grundsätze freiwillig ist und es keine rechtliche Handhabe gegen Verstöße gibt, ist die Teilnahme keineswegs ein bloßes Lippenbekenntnis zum Aufpolieren des Firmenimages: Die Unterzeichner verpflichten sich, zu ihren entsprechenden Aktivitäten jährlich einen Bericht zu verfassen – tun sie das nicht, werden sie als „inactive Companies" im Internet veröffentlicht und nach einer bestimmten Frist umstandslos von der Teilnehmerliste gestrichen. Letzteres geschah im Oktober 2006 und im Januar 2007 mit über 550 Unternehmen. Dass die Mitgliederzahl dennoch kontinuierlich wächst, kann als ein Indikator für das zunehmende

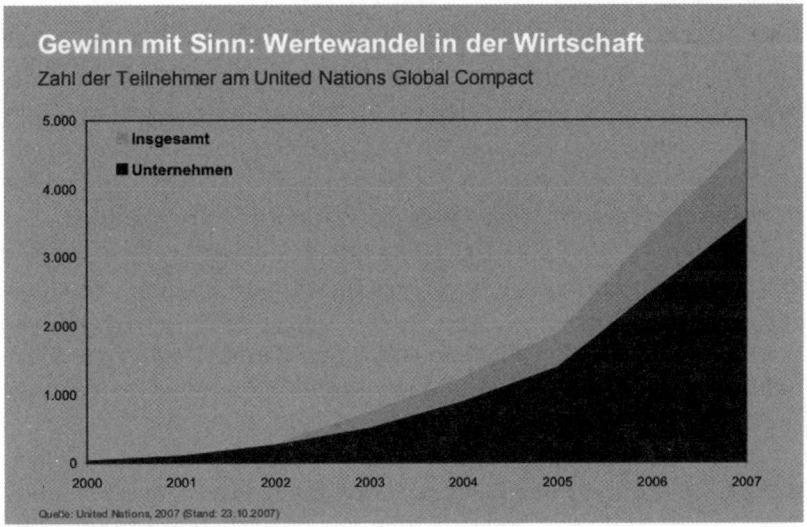

Abbildung 5: Gewinn mit Sinn

gesellschaftliche Verantwortungsbewusstsein in Teilen der Wirtschaft gewertet werden.

Und es ist eine Reaktion der Unternehmen auf neue Kundenansprüche, wie wir sie bei den LOHAS besonders ausgeprägt finden. Eine wachsende Zahl von Kunden akzeptiert nämlich immer seltener, wenn ihre Forderung nach nachhaltigem und verantwortungsbewusstem Handeln seitens der Unternehmen mit der Formel abgetan wird „The business of business is business".

Klimaneutralität: Mehr als moderner Ablasshandel

Ein weiteres Indiz für den Wertewandel in der Wirtschaft ist die Strategie der Klimaneutralität, die immer mehr Unternehmen und öffentliche Institutionen für sich als Aushängeschild entdecken. Während sich Regierungen wie die der USA noch weigern, das Kyoto-Klimaschutz-Protokoll zu unterzeichnen, helfen Firmen wie myclimate oder 3C Auftraggebern wie der Deutschen Telekom, Toyota, Banken oder Ministerien dabei, ihre Groß-Events, Produkte und Dienstleistungen freiwillig klimaneutral umzusetzen.

Bei dieser modernen Form des Ablasshandels werden die klimaschädigenden und zu neutralisierenden Emissionen berechnet und anschließend für einen entsprechenden Geldbetrag Emissionsminderungszertifikate aus anerkannten Klimaschutzprojekten angekauft (www.3c-company.com/klimaneutral.htm, www.myclimate.org). Mit der Fußball-Weltmeisterschaft in Deutschland wurde 2006 so erstmals ein Mega-Event „klimaneutral" durchgeführt.

Seit drei Jahren hat Deutschland mit „atmosfair" auch seine erste Initiative zum klimaneutralen Fliegen: Mit dem Online-Emissionsrechner von „atmosfair" kann jeder Flugpassagier berechnen, wie stark der eigene Flug die Umwelt durch klimaschädigende Gase belastet und wie viel Euro es kosten würde, eine vergleichbare Menge in Klimaschutzprojekten einzusparen.

Wer Verantwortung für die Folgen des eigenen Handelns übernehmen will, kann freiwillig für den von ihm verursachten Kohlendioxidausstoß zahlen – bequem per Kreditkarte, Bankeinzug oder Rechnung. Das Geld wird dann zum Beispiel in Solar-, Wasserkraft-, Biomasse- oder Energiesparprojekte investiert, um dort jene Menge an Treibhausgasen einzusparen, die eine vergleichbare Klimawirkung haben wie die Emissionen, die der Flug verursacht. Auf Wunsch erhalten Spender per E-Mail ein persönliches Zertifikat und eine Spendenbescheinigung (www.atmosfair.de). Bis Ende 2005 zahlten Individualspender für mehr als 6.100 Flüge knapp 150.000 Euro auf das Spendenkonto von atmosfair ein.

Über dasselbe Prinzip bietet Virgin Atlantic als erste Airline weltweit zusammen mit der schweizerischen Non-Profit-Organisation myclimate als Partner seinen Kunden im Internet und an Board ein sogenanntes Gold Standard Carbon Offset Scheme an. Durch den Kauf dieser Emissionszertifikate wird es Passagieren ermöglicht, klimaneutral zu fliegen.

Ebenfalls in Kooperation mit myclimate bietet inzwischen auch die Lufthansa ihren Fluggästen die Möglichkeit, mit einer freiwilligen Spende Klimaschutzprojekte zu unterstützen, die zur unmittelbaren Reduktion von Treibhausgasemissionen beitragen (http://lufthansa.myclimate.org). Ein von myclimate betriebener Emissionsrechner, der die Verbrauchsdaten der Lufthansa-Flotte berücksichtigt, dient den Kunden dabei als Orientierung für die Höhe der Spende. Der Preis des Lufthansa-Tickets wird durch das Angebot nicht beeinflusst.

Fazit

Einstmals rein moralische, soziale und ökologische Issues ökonomisieren sich. Umweltschutz, faire Arbeitsbedingungen, Korruptionsbekämpfung, Bildungschancen, Gleichberechtigung von Frauen und Minderheiten gehören in zunehmendem Maße mit zum ökonomischen Gewinnspiel. Wer diese Zeichen der Zeit nicht erkennt, bleibt mittelfristig auf der Strecke.

Gerade auch der Handel mit Emissionszertifikaten entwickelt sich in den nächsten Jahren zu einer immer profitableren Wertschöpfungsangelegenheit. Allein der Markt für international handelbare Kohlendioxid-Zertifikate ist in Europa im vergangenen Jahr auf 22 Milliarden Dollar angeschwollen. Die Kosten für eine gesparte Tonne Kohlendioxid rangieren international zwischen 50 Cent und 40 Euro. Wer billig kauft und teuer verkauft, wird also sehr schnell sehr reich.

4. Zukunft des Handels: Öko-sozialer Mehrwert und warum Shopping hilft, die Welt zu verbessern

Fairtrade: Konsumieren mit gutem Gewissen wird zum Wachstumsmotor

Wie sehr der Lifestyle of Health and Sustainability bereits Einzug in den Konsumstil vieler Verbraucher weltweit gehalten hat, wird an der Entwicklung des „fairen Handels" deutlich: Fairtrade ist zur globalen Erfolgsstory und zum Konsumtrend geworden. Er ist heute eines der am stärksten wachsenden Marktsegmente. 2005 hat der weltweite Verkauf von Artikeln mit dem Fairtrade-Label erstmals die Marke von 1,1 Milliarden Euro gesprengt und stieg im Jahr 2006 auf über 1,6 Milliarden Euro – ein Zuwachs von 42 Prozent innerhalb eines Jahres.

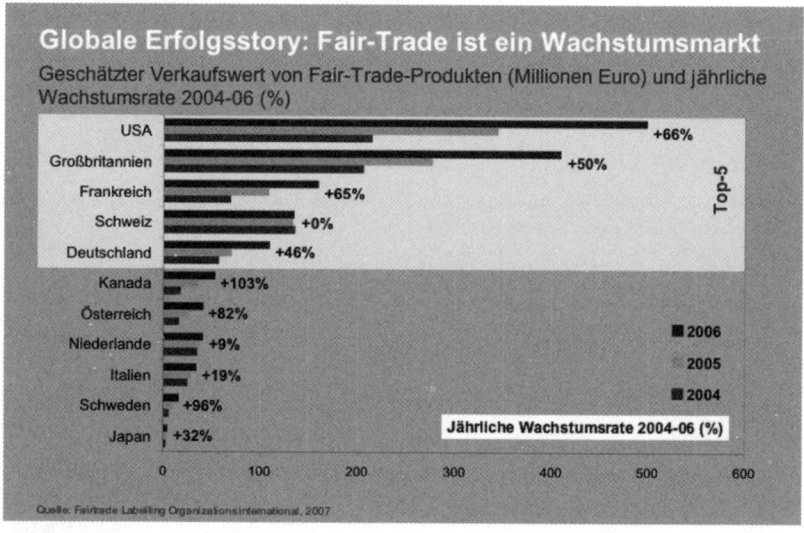

Abbildung 6: Globale Erfolgsstory: Fairtrade ist ein Wachstumsmarkt

Bei den Produkten handelt es sich längst nicht mehr nur um muffigen Kaffee und angedrückte Bananen: Wein beispielsweise (immer schon mit Stilbewusstsein und Genuss in Verbindung gebracht und insofern ein klassisches LOHAS-Produkt) erlebte 2006 mit 139 Prozent das zweitgrößte Umsatzwachstum im gesamten Fairtrade-Sektor (nach Zucker). Die wachstumsstärksten Märkte sind nach den USA, Kanada, Australien und Neuseeland die europäischen Länder Finnland, Schweden, Österreich und Frankreich.

Gemessen am Gesamtverkaufsvolumen sind die USA (499 Millionen Euro) und Großbritannien (409,5 Millionen Euro) die größten Märkte, gefolgt von Frankreich (160 Millionen Euro), der Schweiz (135 Millionen Euro) und Deutschland (110 Millionen Euro) (Fairtrade Labelling Organisatzions International Annual Report 2006/07).

Shopping hilft, die Welt zu verbessern

Die Produkte mit dem guten Gefühl haben sich längst aus der Nische der „Eine-Welt-Läden" herausgelöst und ihren Weg in die bürgerlichen Einkaufszentren gefunden. Ihr Absatz ist nicht mehr von purem Idealismus getragen, sondern von harten wirtschaftlichen Gewinnaussichten. Die Zahl der Unternehmen, die mit zertifizierten Produkten handeln, hat sich in den vergangenen Jahren weltweit verdreifacht.

Fairtrade: Vom Protest-Produkt in die Küche der „Normalos"

In Europa sind Fairtrade-Produkte heute in 25 Ländern an rund 79.000 Points-of-Sale zu finden. Die Zahl ist damit innerhalb von fünf Jahren um ein Viertel gestiegen. Der größte Zuwachs ist bei Supermärkten zu verzeichnen, die mit Fairtrade-Artikeln handeln: Mit europaweit fast 57.000 – 23.000 davon allein in Deutschland – sind es heute rund 32 Prozent mehr als im Jahr 2000. Der Gesamtwert der verkauften Produkte hat sich im selben Zeitraum in Europa mehr als verdoppelt: von 260 Millionen auf rund 660 Millionen Euro in 2005, was einem durchschnittlichen Wachstum von 20 Prozent pro Jahr entspricht (vgl. Fairtrade in Europe 2005).

Abbildung 7: Globaler Wachstumsmarkt Fairtrade

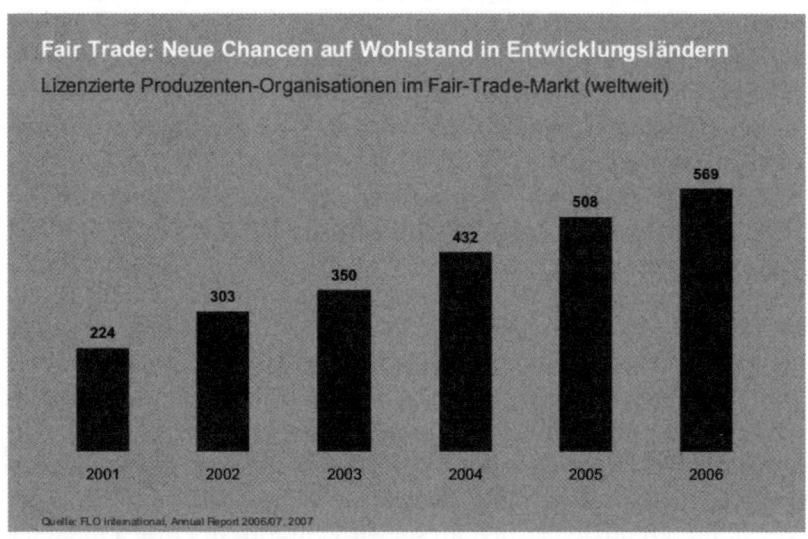

Abbildung 8: Neue Chancen auf Wohlstand in Entwicklungsländern

Mit dem Handel sind große Wachstumschancen für Unternehmer und Familien in den Entwicklungsländern Asiens, Afrikas und Südamerikas verbunden, aus denen die fair gehandelten Produkte stammen. Auch hier stieg die Zahl der weltweit zugelassenen Herstellerorganisationen zwischen Ende 2001 und Ende 2006 um 154 Prozent auf 569. Die daraus resultierenden Potenziale für einen Wohlstandszuwachs in diesen Teilen der Welt schaffen auf lange Sicht auch neue Absatzmöglichkeiten für Produkte und Dienstleistungen des Westens.

Neue Chancen in gesättigten Märkten: Der „öko-soziale Mehrwert" wird zum entscheidenden Kaufargument

Das Markpotenzial für verantwortungsvollen Konsum ist riesig, wie diverse Untersuchungen zeigen:

- Laut Erhebungen von Datamonitor sind 67 Prozent der Niederländer und 60 Prozent der Franzosen bereit, für ethische Produkte einen Aufpreis zu zahlen (vgl. Natural & Ethical Consumers 2005).
- Befragungen belegen, dass nicht weniger als 78 Prozent der Deutschen gerne bereit sind, für Produkte sozialverantwortlicher Unternehmen einen Aufpreis zu zahlen; dabei werden im Schnitt rund 10 Prozent Aufpreis akzeptiert (vgl. Puls, Moralbarometer Deutschland 2006).
- In der Europäischen Union (EU-25) ist gut ein Drittel der Bevölkerung bereit, für Energie aus erneuerbaren Ressourcen mehr zu zahlen als für solche aus konventionellen Quellen. Und das trotz der zum Teil ohnehin schon hohen Kosten (vgl. European Commission, Special Eurobarometer: Energy Issues, 2006). Am größten ist die Zustimmung in Dänemark (52 Prozent) und Luxemburg (51 Prozent). Deutschland liegt mit 32 Prozent knapp unter dem Durchschnitt, am geringsten ist die Bereitschaft in Portugal (17 Prozent) und Litauen (14 Prozent).
- Die Sensibilität gegenüber Fällen fragwürdiger Unternehmenspraxis ist enorm hoch: 67 Prozent der Konsumenten in den USA und Europa haben schon einmal Lebensmittel, Getränke oder

Körperpflegeprodukte aus ethisch-moralisch Gründen boykottiert (vgl. Datamonitor, Natural & Ethical Consumers 2005).

- Gerade junge Käuferschichten zeichnen sich durch ein hohes gesellschaftliches Verantwortungsbewusstsein aus: 61 Prozent der 13- bis 25-Jährigen in den USA fühlen sich persönlich verantwortlich, wenn es darum geht, die Welt zu verändern. Dass auch die Unternehmen eine solche Verantwortung zu tragen hätten, sagen 78 Prozent. Ganze 69 Prozent der jungen Amerikaner geben an, beim Shopping das soziale Engagement von Unternehmen zu berücksichtigen, zwei Drittel tun dies, wenn sie Produkte weiterempfehlen. Entsprechend hoch ist die Aufmerksamkeit: 74 Prozent schenken Werbebotschaften eher Beachtung, wenn Unternehmen mit ihrem Engagement eine gute Sache unterstützen. Und der „öko-soziale Mehrwert" ist für die nachwachsende Konsumentengeneration inzwischen ein enorm starkes Kaufargument: 89 Prozent sind bereit (bei gleicher Qualität und gleichem Preis), die Marke zu wechseln, wenn es einem guten Zweck dient (vgl. Cone, Cone Millennial Cause Study 2006).

Fazit

Alles das sind starke Indizien dafür, dass wir in den nächsten Jahren einen dramatischen Wandel unserer Konsumkultur erleben werden, die die Koordinaten des globalen Wirtschaftssystems in Richtung einer Wohlfühl-Ökonomie verschieben.

In ihr werden LOHAS-typische Aspekte wie Genuss und Lebensqualität höher bewertet als die Kriterien klassisch-materiellen Wohlstands. Dieser Wandel ist entscheidend getrieben vom Lifestyle of Health and Sustainability. Und der Trend lässt sich nicht mehr umkehren. Das Bedürfnis nach gesunden und nachhaltigen Produkten, die das Genießen mit gutem Gewissen erlauben, wird in den kommenden Jahren weiter wachsen.

Zugleich wird der Anteil der geiz-geilen Konsumenten zurückgehen, da der ethisch-ökologische Anpassungsdruck bei Unternehmen und Kunden steigt: Die zunehmende mediale Transparenz in der globalen Konsumgesellschaft macht es für Unternehmen mittlerweile unmöglich, sich mit den alten Argumenten wie Gewinnmaximierung und Unwissenheit rauszureden.

5. Umwelttechnologie: Chinas Wirtschaftsboom, Biopower, grünes Amerika und das Comeback Deutschlands als Weltmarktführer

Die High-Tech-Industrie profitiert massiv vom grünen Wandel der Märkte und der Konsumkultur der LOHAS. Unter den veränderten Voraussetzungen von Klimawandel, Verknappung und Verteuerung von Rohstoffen sowie stärkerem Umweltbewusstsein der Konsumenten wird Wachstum künftig aus einer neuen Mischung von Ökonomie und Ökologie generiert. Mit alternativen Energien, Energieeffizienz-Technologien, aber auch mit Agrarrohstoffen lässt sich künftig viel Geld verdienen. An vorderster Stelle stehen dabei Hersteller von Solarzellen, Windrädern und anderen alternativen Energien.

Der Megatrend Neo-Ökologie führt dazu, dass „grüne" Energien und Umwelttechnologien sich zu einem äußerst lukrativen Milliardengeschäft entwickeln. Laut den Marktanalysten des US-amerikanischen Beratungsunternehmens Clean Edge ist der Umsatz des weltweiten Marktes für erneuerbare Energie im Jahr 2006 auf über 55 Milliarden Dollar gewachsen – ein Plus von 39 Prozent gegenüber 2005. Bis 2016 wird das Volumen des Weltmarktes für Biokraftstoffe, Windkraft, Photovoltaik und Brennstoffzellen-Technologie nach Clean-Edge-Prognosen auf mehr als 226 Milliarden Dollar ansteigen.

Schätzungen des Deutschen Instituts für Wirtschaftsforschung (DIW) zufolge können die weltweiten Investitionen in Anlagen zur Nutzung erneuerbarer Energien bis 2020 auf rund 250 Milliarden Euro ansteigen und im Jahr 2030 sogar 460 Milliarden Euro pro Jahr erreichen. In den nächsten 15 Jahren ist von einer Verdrei- bis zu einer Versechsfachung des derzeitigen globalen Marktvolumens auszugehen. Alles spricht dafür, dass hier eine der größten Zukunftsbranchen entsteht.

Die Innovationsdynamik verspricht vor allem in Deutschland großes Potenzial für Investoren und Hersteller: Das DIW geht davon aus, dass die jährlichen Aufwendungen für die Herstellung von Anlagen zur Nutzung erneuerbarer Energien in Deutschland von derzeit rund 12 Milliarden Euro auf knapp 30 Milliarden Euro im Jahr 2020 steigen werden.

Die enorme Wachstumsdynamik wird deutlich, wenn man sich nur die jährlichen Zuwächse bei den Umsätzen der deutschen Solarbranche anschaut: Der Umsatz, den Unternehmen in Deutschland mit Solarstrom- und Solarwärmetechnik erwirtschaften, betrug im Jahr 2000 gerade einmal 450 Millionen Euro. Er steigt von Jahr zu Jahr und erreichte 2006 den Rekord von 4,9 Milliarden Euro. Davon entfielen 3,7 Milliarden Euro auf die Photovoltaikbranche (Solarstromtechnik) und 1,3 Milliarden Euro auf die Solarthermiebranche (Solarwärmetechnik). Nach Prognosen des Bundesverbands Solarwirtschaft werden die Umsätze der deutschen Solarbranche bis 2012 auf 8 Milliarden Euro und bis 2020 sogar auf 18 Milliarden Euro pro Jahr steigen.

Flankiert von hohen Ölpreisen, staatlicher Förderung und Klimawandel sind die Chancen, mit Öko-Technologie Geld zu verdienen, so groß wie nie zuvor.

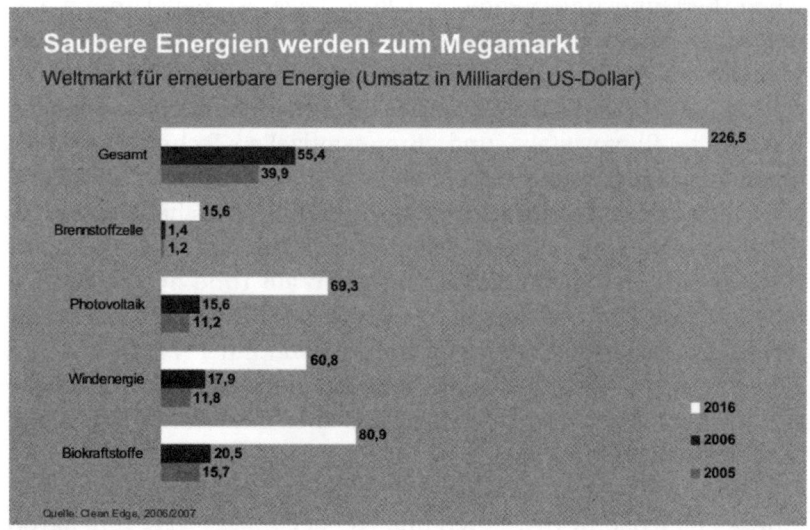

Abbildung 9: Saubere Energien

Die Märkte der Zukunft sind grün

Klimawandel, weltweites Bevölkerungswachstum, Urbanisierung, knapper und teurer werdende Rohstoffe – es wird immer deutlicher, dass unternehmerischer Erfolg und Umweltschutz zwei Seiten einer Medaille sind. Nicht nur ökologisches Verantwortungsbewusstsein, sondern auch die ökonomische Vernunft sprechen dafür, weltweit die Energieeffizienz zu steigern sowie vermehrt nachwachsende Rohstoffe beziehungsweise regenerative Energiequellen einzusetzen.

Für deutsche Unternehmen erwachsen hieraus enorme Chancen, denn sie bieten bereits heute eine breite Palette energie- und ressourcensparender Technologien und Produkte an. „Made in Germany" genießt weltweit einen hervorragenden Ruf und steht für Innovations- und Technologieführerschaft. Das gilt für die erneuerbaren Energien, Energieeffizienz-, Energieerzeugungs- und Kraftwerkstechnologien wie für die Kreislauf- und Abfallwirtschaft, das Wasser- und Abwassermanagement, Verkehrstechnologien und Anlagentechnik. Die Prognosen für das Umsatzwachstum auf den grünen Leitmärkten fallen äußerst günstig aus.

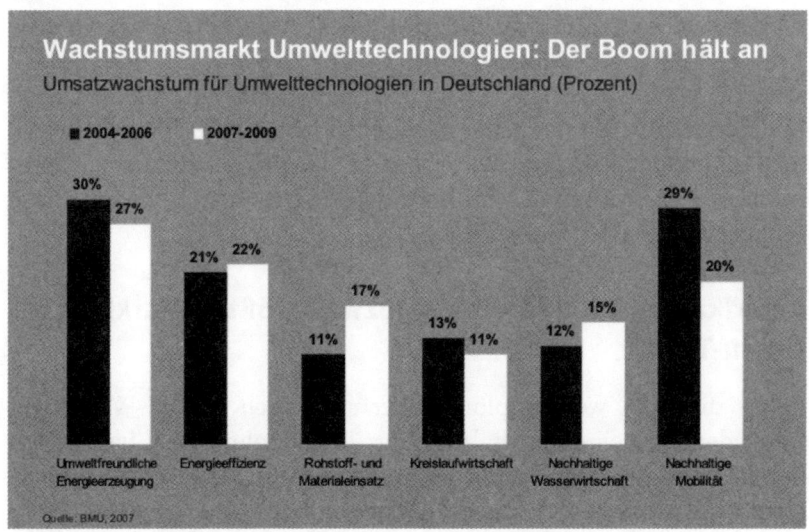

Abbildung 10: Wachstumsmarkt Umwelttechnologien

Renewables: Chinas Wirtschaftsboom heizt die Nachfrage an

Die größte Nachfrage wird hier in den nächsten Jahren aus China kommen, nach den USA die Nummer zwei beim weltweiten Kohlendioxidausstoß. Die Wirtschaft im Reich der Mitte soll schon bis 2010 ein Fünftel weniger Energie verbrauchen. China gewinnt heute nur 1 Prozent seines Stroms aus Atomkraft und will seinen Atomstromanteil bis 2020 auf lediglich 4 Prozent steigern. In derselben Zeit soll jedoch der Anteil der „Renewables" von heute 4 Prozent auf 16 Prozent erhöht werden. Die Regierung stellt dafür Investitionen in Höhe von 187 Milliarden US-Dollar bereit. 2030 soll der Anteil regenerativer Energien bereits bei 30 Prozent liegen.

China strebt an, 2020 der größte Produzent von Windenergie zu sein, und wird bei der Produktion Deutschland und die USA überholen. Landesweit wurden bis heute mehr als 60 Windparks gebaut. Marktreife Schlüsseltechnologien sowie gut ausgebildete Fachkräfte zur Weiterentwicklung und Betreibung der Anlagen bringen das Land in eine Top-Position beim langfristigen Ausbau des Industriezweigs. Vor Kurzem hat China den Bau eines der größten Solarkraftwerke der Welt beschlossen und wird dafür 600 Millionen Euro ausgeben. Die Anlage in der nordwestlichen Provinz Gansu soll bis 2011 fertiggestellt sein. Bis 2020 will China seine Solarzellenkapazitäten verdreifachen und gibt seinen Stromerzeugern Mindestwerte für den Anteil alternativer Energiequellen vor. Wie ernst es die Wirtschaftsmacht damit meint, wird man schon 2008 bei den ersten solaren Olympischen Spielen überprüfen können.

Amerika ergrünt und wird zum zweitgrößten Markt für Green-Tech

Selbst die USA werden plötzlich grüner, auch die US-Wirtschaft: Trotz der Verweigerungshaltung des Präsidenten Bush haben sich bereits zehn Bundesstaaten vorgenommen, die Kyoto-Ziele zu erreichen, und werden den Trend zu erneuerbaren Energien und Energieeffizienz weiter forcieren. 2005 wurden in den USA insgesamt

17 Milliarden US-Dollar in die Gründung von Solar-, Wind- und Biomasseunternehmen sowie in Projekte zur Erzeugung erneuerbarer Energien gesteckt. Das ist zwar nur ein geringer Anteil gemessen am US-Energiemarkt von insgesamt 1,6 Billionen US-Dollar, aber doppelt so viel Geld wie 2004.

Die Dynamik des Marktes ist also unübersehbar, immer mehr Unternehmer investieren in das Klimaschutz-Business. Einer von ihnen ist John Doerr. Der Mann aus Kalifornien ist Partner einer Venture-Capital-Firma, die bereits 160 Millionen Euro in Projekte für erneuerbare Energien gesteckt hat. Er ist überzeugt: „Umweltfreundliche Energien sind der größte Markt im 21. Jahrhundert." Der weltgrößte Energiekonzern, General Electric (GE), will bis 2010 ganze 1,5 Milliarden US-Dollar in Wind- und Wasserenergie stecken. Und GE sieht auch im grünen Lifestyle der LOHAS einen Zukunftsmarkt: Für das Jahr 2020 rechnet der Konzern mit Einnahmen in Höhe von 16 Milliarden US-Dollar allein aus dem Verkauf energiesparender Glühbirnen und auf Umweltfreundlichkeit getrimmter Hausgeräte.

Bio-Power vom Acker

Emissionsarme Techniken, Produkte und Herstellungsverfahren sind nicht zuletzt deswegen ein lukrativer Zukunftsmarkt, weil viele Staaten ihre Entwicklung fördern. Das betrifft auch Agrarrohstoffe, deren Bedeutung als Basis für Biokraftstoffe in den kommenden Jahren steigen wird.

Nach Berechnungen des US-amerikanischen Beratungsunternehmens Clean Edge ist der weltweite Markte für Biokraftstoffe zwischen 2005 und 2006 von 15,7 auf 20,5 Milliarden US-Dollar gewachsen. Laut Clean-Edge-Prognosen wird der weltweite Umsatz mit Biokraftstoffen bis 2016 auf knapp 81 Milliarden pro Jahr steigen.

In Brasilien, wo Benzin einen Mindestanteil an Alkohol von 20 bis 25 Prozent haben muss, fördert der Staat die Produktion von Bioethanol, um die Abhängigkeit von fossilen Brennstoffen zu verringern. Auch die EU fördert den Energie-Pflanzenanbau, um das für 2010 gesetzte Ziel zu erreichen: 6 Prozent der Kraftstoffe sollen dann in Europa aus Biomasse stammen. Auch die USA will die Produktion von Bioethanol und Biodiesel in den kommenden zehn Jahren verdoppeln. Schon heute ist klar, dass die Anbauflächen in den Industriestaaten hierfür nicht ausreichen. Folglich verschaffen die wachsende Nachfrage nach Bio-Power und die steigenden Preise für Agrarrohstoffe vor allem großen Anbauländern wie Argentinien, Brasilien, Indonesien oder Malaysia ungeahnte Wachstumsimpulse.

Deutschland mit deutlichem Vorsprung im grünen Business

Dieser Trend zu ressourcen- und umweltschonenden Technologien macht Deutschland zum Weltmarktführer in einem der lukrativsten Wachstumsmärkte der Zukunft. Auch wenn andere Länder hier nachziehen werden, ist die deutsche Industrie der Konkurrenz aus anderen Ländern um Jahre voraus. So sind deutsche Unternehmen nicht nur im Bereich erneuerbarer Energien führend, sondern beispielsweise auch bei der „Öko-Logistik" der Zukunft:

- So hat die Kieler Firma New Logistics mit dem Futura Carrier einen völlig neuartigen Schiffstyp entwickelt, dessen Rumpf auf der Katamaran-Bauweise beruht. Die Vorteile: schneller, effizienter, rund 35 Prozent geringere Betriebskosten, individuelle Anpassung an Wasserstraßen und Einsatzbedingungen durch ein Baukastenprinzip, größtmögliche Manövrierfähigkeit durch vier um 360 Grad drehbare Antriebe sowie niedrige Baukosten. Die Öko-Bilanz kann sich sehen lassen: bis zu 99 Prozent Feinstaubreduzierung und ein um 70 Prozent geringerer Stickoxidausstoß. Die Energiebilanz fällt zehnmal besser aus als bei der Bahn und 30-mal besser als beim LKW-Transport.
- SkySails aus Hamburg will Treibstoffkosten in der Schifffahrt mit einem Zugdrachenantrieb drastisch senken.
- Die Bremer Reederei Beluga möchte 140 Meter lange Frachter mit einem Drachen bestücken und so 4 bis 5 Tonnen Brennstoff pro Tag einsparen. In Indonesien kreuzen bereits mehr als ein Dutzend mit Segeln ausgerüstete Frachter durch die Gewässer.

Analysen des DIW, des Fraunhofer ISI und der Strategieberatung Roland Berger im Auftrag des Bundesministeriums für Umwelt, Naturschutz und Reaktorsicherheit haben ergeben, dass im Jahr 2020 Umwelttechnologien für die deutsche Wirtschaft höhere Bedeutung haben werden als die Automobilindustrie. Der Umsatzanteil an der gesamten Wirtschaftsleistung wird sich bis 2030 auf 16 Prozent vervierfachen und dann voraussichtlich bei 1 Billion Euro liegen.

Fazit:

Umwelt- und nachhaltigkeitsorientierte Technologien sind sehr stark auf dem Vormarsch. Länder und Regionen, die im Bereich Green-Tech Top-Positionen besetzen, verschaffen sich im globalen Wettbewerb entscheidende Vorteile und damit die Basis für Wachstum und Beschäftigung.

6. Automobilindustrie: Mobilität 2.0

Der Lifestyle of Health and Sustainability trägt entscheidend dazu bei, dass Mobilität künftig immer stärker mit Fragen der Ressourcenschonung in Verbindung gebracht wird. Alternative Antriebsformen bei Fahrzeugen rangieren in der Gunst deutscher Konsumenten zwar bislang noch nicht weit oben. Auf die Frage nach den zukunftsfähigsten Motor- und Antriebsarten allerdings geben die deutschen Autofahrer/innen schon heute dem Hybridantrieb (31 Prozent), der Brennstoffzelle (24 Prozent) und Motoren mit Kraftstoff aus nachwachsenden Rohstoffen (22 Prozent) den Vorzug. Motoren mit konventionellen Treibstoffen und Erdgasantriebe werden demgegenüber schon heute kaum mehr als zukunftsfähig eingeschätzt. Das belegen Ergebnisse einer Studie des Spiegel-Instituts Mannheim (Juni 2006). Zu vergleichbaren Ergebnissen kommt eine internationale Untersuchung in den USA, Frankreich, Großbritannien, Deutschland sowie in den Wachstumsmärkten China und Indien (vgl. Puls, Trends und Erfolgsfaktoren im Automobilgeschäft, 2007): 43 Prozent der Neuwagenkäufer in diesen Ländern sind überzeugt, dass dem Hybridantrieb die Zukunft gehört. Ähnlich hoch ist der Anteil derer, die den Wasserstoffantrieb beziehungsweise die Brennstoffzelle (42 Prozent) und biologische Kraftstoffe auf Pflanzenbasis (38 Prozent) für zukunftsfähig halten. Konventionellen Kraftstoffen räumen die Konsumenten auch im internationalen Vergleich kaum mehr Zukunftschancen ein. Hybridmotoren haben länderübergreifend große Imagevorsprünge gegenüber Benzin- und Dieselfahrzeugen – auch in den aufstrebenden Ländern China und Indien.

Demzufolge wäre schon heute jeder achte Autofahrer (13 Prozent) bereit, sich beim Kauf des nächsten Autos für ein Fahrzeug mit alternativer Antriebsenergie zu entscheiden, etwa Erdgas, nachwachsende Rohstoffe (Biodiesel) oder Hybridantrieb. Und die Mehrheit der Autokäufer (60 Prozent) ist heute der Meinung, dass die Hersteller in Sachen Umweltverträglichkeit zu wenig unternehmen (vgl. puls, ACI Trendmonitor, April 2006). Das beweist, dass die

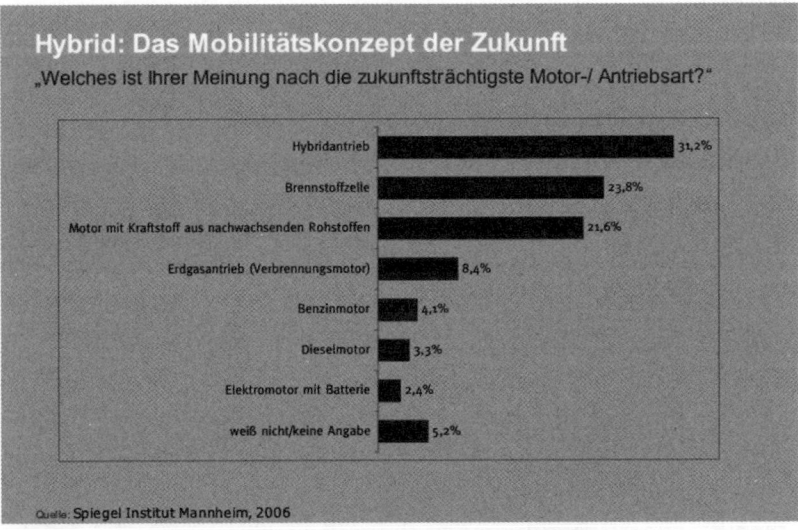

Quelle: Spiegel Institut Mannheim, 2006

Abbildung 11: Hybrid – Das Mobilitätskonzept der Zukunft

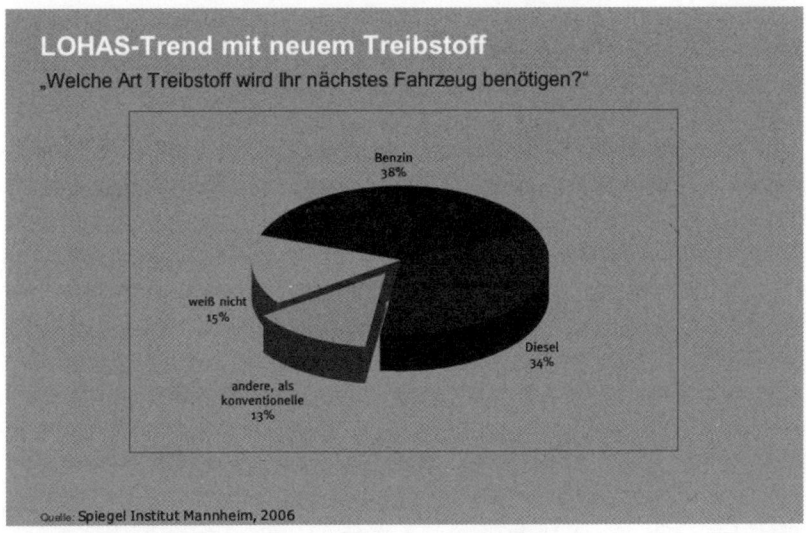

Quelle: Spiegel Institut Mannheim, 2006

Abbildung 12: LOHAS-Trend mit neuem Treibstoff

Konsumenten auch beim Kauf langlebiger und teurer Gebrauchsgüter in puncto Nachhaltigkeitsfragen entsprechend sensibilisiert sind.

Hybridantriebe: Kerntechnologie auf den Mobilitätsmärkten des 21. Jahrhunderts

Hybridfahrzeuge werden zweifellos ein zentraler Pfeiler künftiger Mobilität sein. In den USA und Asien sind Autos mit Hybridantrieb schon heute sehr beliebt.

Während die deutsche Autoindustrie die Entwicklung verschlafen hat – hiesige Hersteller werden Hybridmodelle erst ab 2008 auf den Markt bringen –, verbucht Toyota mit der Technologie, die auf der Kombination von Elektro- und Verbrennungsmotoren basiert, große Erfolge. Der japanische Autobauer hat mit seiner Tochter Lexus seit dem Jahr 2001 über 813.000 Hybridmodelle weltweit verkauft. Bis 2010 will Toyota den jährlichen Absatz von derzeit 313.000 auf eine Million Hybridfahrzeuge steigern.

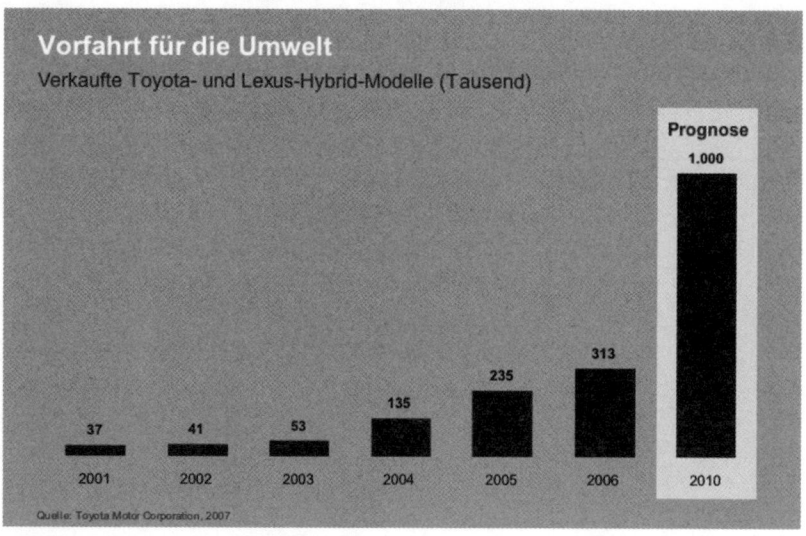

Abbildung 13: Vorfahrt für die Umwelt

Im Jahr 2006 wurden weltweit rund 250.000 Hybridautos verkauft. Die Wachstumsraten sind insbesondere im weltgrößten Markt USA hoch, wo etwa Toyota in den letzten zehn Jahren über die Hälfte seiner Prius-Modelle verkauft hat. Deutlich verschärfte Emissionsgrenzen, strengere Kraftstoffvorschriften sowie stark gestiegene Spritpreise – binnen 24 Monaten ist der Preis pro Gallone Kraftstoff in den USA um 30 Prozent auf über 2,30 US-Dollar gestiegen – sind aber nur äußere, strukturelle Faktoren für den US-Erfolg von Hybridfahrzeugen. Die Attraktivität dieser Autos resultiert vor allem aus ihrem sauberen Image bei den Kunden.

Zu dieser Einschätzung gelangt auch die Wirtschaftsprüfungsgesellschaft PricewaterhouseCoopers (PwC) in ihrer 2006 veröffentlichten Studie „Wirtschaftliche Chancen alternativer Antriebstechnologien":

> „Die Käufer, die sich derzeit für Hybridfahrzeuge entscheiden, tun das nicht aus ökonomischen Motiven. ‚Derzeit kaufen die Kunden Hybridfahrzeuge aus irrationalen Gründen', sagt Franz Wagner. ‚Der Markt wird eher von Trends als von wirtschaftlichen Überlegungen bestimmt.' Hybridautos spielen ihre Mehrkosten erst nach sechs bis zehn Jahren Betriebszeit wieder ein. Trotzdem entscheiden sich Verbraucher schon heute für diese Technik, weil sie sich als Vorreiter sehen."

(PwC-Pressemitteilung „Hybrid-Antriebstechnik fährt der Brennstoffzelle voraus", Januar 2006).

Der LOHAS-Trend setzt BMW, Mercedes, Porsche & Co. unter Innovationsdruck

Entsprechend setzen nun auch Unternehmen, deren Kunden üblicherweise nicht so sehr auf den Geldbeutel achten müssen, auf die neue Technologie: Porsche rüstet schon heute seine Autos mit Technikinnovationen aus, um mit „niedrigerem Verbrauch und geringeren Emissionen" zu werben. 2008 bringen die Stuttgarter eine Hybridversion des Cayenne auf den Markt. Mit der setzt man – ähnlich wie etwa Mercedes mit einer ebenfalls für 2008 geplanten Hybridvariante der S-Klasse – auf Verbrauchsreduzierung.

Getrieben durch die veränderte Nachfrage der Konsumenten, gerät die gesamte Automobilbranche gerade unter einen enormen Innovationsdruck: Um den Anschluss an Trends zu sauberen und sparsameren Motoren am US-Markt zu finden, sehen sich inzwischen gleich mehrere deutsche Autobauer wie die Daimler AG, Volkswagen und Audi gezwungen, unter dem gemeinsamen Label „Bluetec" sogenannte „Clean Diesel" anzubieten, die ein Viertel weniger Kraftstoff verbrauchen als ein Benzinmotor. Wenngleich sie mit der neuen Abgastechnik auch die 2009 in Kraft tretende strenge US-Abgasrichtlinie Bin 5 unterschreiten können und so kurz- bis mittelfristig neue Marktanteile hinzugewinnen werden, den langfristig entscheidenden Wettlauf um die umweltfreundliche Technologie werden sie damit nicht gewinnen. Zumal nun auch selbst der amerikanische Präsident den Treibstoffverbrauch in den USA bis 2017 um 20 Prozent reduzieren will.

Die Zukunft der Automobilbranche: Saubere Technologien bestimmen den Markt

PricewaterhouseCoopers (PwC) geht davon aus, dass bis zum Jahr 2010 der Markt für Hybridfahrzeuge bei etwas über einer Million Fahrzeuge liegen wird. Nach Einschätzung des Zukunftsinstituts wird die Zahl aber deutlich über einer Million liegen, wenn man berücksichtigt, dass allein der japanische Autobauer Toyota mit seiner Tochter Lexus in den kommenden Jahren den Absatz von Hybridfahrzeugen von derzeit 235.000 jährlich auf eine Million im Jahr 2010 steigern will. Bis 2020 wird der Absatz von Hybridautos also vermutlich auf gut 10 Millionen Fahrzeuge pro Jahr ansteigen. Nach Szenarioberechnungen der Unternehmensberatung McKinsey ist 2020 ein weltweiter Marktanteil bis zu 15 Prozent möglich, in Japan gar zwischen 25 und 40 Prozent (vgl. DRIVE – The Future of Automotive Power).

Aufgrund der stark wachsenden Modellpalette prognostizieren die Analysten von B&D Forecast für das Jahr 2025 sogar einen

Hybridanteil von 74 Prozent in Japan, 73 Prozent in den USA und 44 Prozent in Europa – in Großbritannien sogar von ca. 70 Prozent, weil hier der Dieselmotor keine starke Lobby besitzt und nicht steuerlich subventioniert wird.

Langfristig gesehen ist aber auch der Hybridantrieb als Kombination von Elektro- und Verbrennungsmotor nur ein erster Schritt hin zur immer umweltfreundlicheren Mobilität, wie sie die LOHAS maßgeblich einklagen. Die weitere Zukunft liegt beim Wasserstoffantrieb. Auch daran arbeitet die Automobilindustrie inzwischen mit verstärktem Engagement. Ford hat nach eigenen Angaben als weltweit erster Hersteller mit der Produktion von Wasserstoff-Verbrennungsmotoren in den USA begonnen, die zunächst in Shuttle-Busse eingebaut werden sollen. Auch BMW hat angekündigt, demnächst eine Kleinserie von Limousinen der 7er-Baureihe aufzulegen, die bivalent mit Wasserstoff oder mit Benzin fahren. Damit sind die ersten Schritte ins Wasserstoffzeitalter gemacht. Wasserstoff hat als Kraftstoff in vielen Ländern (USA, Japan, Europa) die größten Potenziale für eine langfristige rohölbasierte Kraftstoffsubstitution, denn er hat mehrere Vorteile:

- Er kann aus nahezu allen Primärenergien – von Kernenergie bis zur Biomasse – hergestellt werden.
- Er ist als Endprodukt frei von umweltbelastenden Rückständen und kann sowohl Brennstoffzellen als auch Verbrennungsmotoren antreiben.

Europas Städte setzen auf umweltfreundliche Mobilitätskonzepte

Der erfolgreiche Absatz und die steigende Attraktivität der Öko-Automobilität sind aber nur zwei von vielen Indikatoren einer neuen Nachhaltigkeitsorientierung, die – angetrieben vom LOHAS-Trend – das Mobilitätsverhalten in Zukunft prägen wird.

Immer mehr Metropolen setzen auf den Neo-Ökologie-Trend und versuchen, ein ökologisch korrektes Stadtleben umzusetzen. Der Öko-Pionier schlechthin unter den europäischen Städten ist

London, kein grüner Trend geht an der pulsierenden Metropole vorbei: Während zu Beginn des 20. Jahrhunderts die britische Metropole durch die „London Peculiars", den Smog, für Aufsehen sorgte, sind es zu Beginn des 21. Jahrhunderts die umweltfreundlichen Verkehrslösungen, mit denen die Hauptstadt Schlagzeilen macht. Längst schließen sich eine ökologisch-nachhaltige Lebensweise und moderner City-Lifestyle nicht mehr aus. Denn egal, ob mit Auto, Taxi, Bus oder Rad: Heute gibt es viele Arten, sich mit einem ökologisch reinen Gewissen durch die Stadt zu bewegen. Inzwischen gibt es für die Londoner LOHAS sogar die richtigen Taxi-Hotlines: Das Ecocab-Taxiunternehmen Atlas chauffiert seine Kunden im hybridbetriebenen Toyota Prius durch die Stadt (www.atlas.uk.com), und wer allein unterwegs ist, kann sich ein Mini-Taxi der Green Tomato Cars ordern. Deren Fahrzeuge verursachen nur halb so viel Kohlendioxid wie die klassischen Taxen. Obwohl Green Tomato Cars für 50 Prozent seiner Kohlendioxidemissionen in Carbon Credits beim Umweltprojekt Climate Care einzahlt, ist der Fahrpreis nicht höher als der der schwarzen Konkurrenten (www.greentomato-cars.com).

Der Wunsch, mobil sein zu wollen und gleichzeitig zum Schutz der Umwelt beizutragen, zeigt sich ebenso in der Entwicklung des Carsharings oder dem Erfolg von Leihfahrrädern wie den CallBikes der Deutsche-Bahn-Tochter DB Rent, die inzwischen in immer mehr deutschen Städten verfügbar sind (www.callabike.de). Immer mehr europäische Städte wie Zürich, Paris oder Kopenhagen setzen in innerstädtischen Verkehrskonzepten und im Städtetourismus mit großem Erfolg auf Gratis-Fahrradverleih (www.zuerirollt.ch, www.visitcopenhagen.com).

Fazit

Der Lifestyle of Health and Sustainability wirkt sich immer stärker auch auf den Bereich der individuellen Mobilität aus und setzt die Automobilbranche als eine der Schlüsselindustrien in Europa und den USA unter massiven Innovationsdruck.

Es sind nicht unbedingt rationale Kosten-Nutzen-Erwägungen, sondern vielmehr das saubere und „gesunde" Image, das alternative Antriebsformen besitzen. Aber nicht nur für Fahrzeughersteller lässt sich das wachsende Bedürfnis nach nachhaltiger Mobilität nutzbar machen.

Große Chancen haben auch neue Business-Modelle für smarte Verkehrskonzepte innerhalb von Großstädten und Regionen, wenn sie sich konsequent am „Green Lifestyle" und den Serviceansprüchen der LOHAS ausrichten.

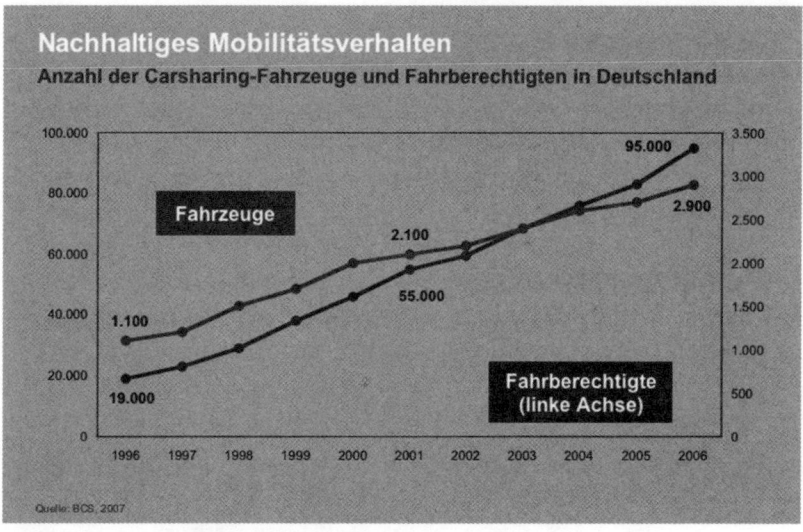

Abbildung 14: Nachhaltiges Mobilitätsverhalten

Die Schlüsselmärkte der Greenomics

1. Food: Die neue Welle des gesunden Genießens und der Luxus des Lokalen

Food-Trends sind zuverlässige Seismografen für gesellschaftliche Veränderungsprozesse. Die wichtigsten Food-Trends für das kommende Jahrzehnt sind nicht nur das Resultat technologischer Innovationen wie Gen- oder Nanotechnologien und neuer Vertriebswege wie dem E-Business. In ihnen spiegeln sich auch veränderte gesellschaftliche Rahmenbedingungen wider, die von Megatrends wie Gesundheit, Globalisierung, Neo-Ökologie, New Work oder Individualisierung bestimmt werden. Diese Megatrends, die unser Leben nachhaltig verändern, manifestieren sich häufig zuerst in scheinbaren Alltäglichkeiten wie eben unseren Ernährungsgewohnheiten. Food-Trends sind nicht selten die Lokomotiven der Erneuerung, an denen sich Zukunft ablesen lässt. So kennt der LOHAS-Lifestyle keine Kompromisse: Gesund und genussvoll muss es sein. Ob Highend-Convenience oder Bio-Burger – die Konsumenten der Zukunft fordern undogmatische Lösungen. LOHAS goutieren Ethik-Luxus: Die Neo-Ökos sind konsumorientierte Verbraucher, die sich gern etwas leisten und dazu beitragen, dass Deli-Food in Öko-Qualität künftig zur Normalität gehören wird. Bio-Food bleibt *das* Boom-Segment: Die Spitze des Bio-Lebensmittel-Hypes ist noch lange nicht erreicht. Gerade die deutsche Landwirtschaft könnte von dem neuen Öko-Interesse profitieren, wenn sie endlich die Zeichen der Zeit erkennt und in den LOHAS den Schlüsselkonsumenten von morgen sieht.

Ob Schampus oder Selters, Lagerfeuer oder Induktionsherd, Plastikgeschirr oder Porzellanservice – mit Lebensmitteln, Kochen und der Nahrungsaufnahme war bisher stets auch eine Aussage über Status, Ideologie und Denkart verbunden. „Du bist, was du isst" war der Tenor der letzten Jahrzehnte. Und es war undenkbar, dass ein Anhänger der Ökobewegung herzhaft in einen BigMac biss oder auf einem Mittelschichtsbufett statt argentinisches Rinder-, Rote-Bete-Carpaccio mit Bio-Siegel lag. Die Fronten waren klar. Doch mit dem neuen Konsumententypus der LOHAS verschwimmen diese Grenzen zunehmend. Öko-Produkte sind längst in der gesellschaftlichen Mitte angekommen. Supermärkte, die noch nicht auf gesundes Essen umgestellt haben, werden die Zukunft nicht erleben. Die neue Powerzielgruppe der Zukunft sind die LOHAS. Sie fordern Öko-Produkte, die lecker sind: am besten kulinarische Kabinettstückchen mit Nachhaltigkeitssiegel. Für die Zukunftsfähigkeit der Branche wird es in den nächsten zwei bis drei Jahren besonders wichtig sein, die hohen Qualitätsstandards aufrechtzuerhalten – und dem Wertewandel der eigenen Zielgruppe Rechnung zu tragen. Denn die hat sich aus der Körner-Nische emanzipiert – sie ist familienorientiert, technikfreundlich und vor allem auf Genuss eingestellt.

Die Food-Branche – einer der wichtigsten Greenomics-Märkte

Zu den ausgesprochenen Profiteuren der LOHAS-Kultur gehört an vorderster Stelle die Bio-Lebensmittelbranche. Seit drei Jahren steigt deren Umsatz in Deutschland im zweistelligen Bereich, 2006 um satte 16 Prozent auf 4,5 Milliarden Euro, weltweit wurden rund 40 Milliarden US-Dollar mit Organic-Food umgesetzt. Während der britische Bio-Markt der am schnellsten wachsende ist (in den letzten zehn Jahren hat sich der Umsatz mehr als verzehnfacht und lag 2005 bei umgerechnet 2,3 Milliarden Euro), ist Deutschland hinter den USA der zweitgrößte Organic-Markt weltweit. Der Umsatz und die Akzeptanz steigen nicht zuletzt dank der überall aus dem Boden sprießenden Öko-Supermärkte (allein in Berlin gibt es mittlerweile mehr als 30) und einem immer umfangreicheren Bio-Angebot selbst in Discountern. Speziell Bio-Waren aus dem Discounter boomen. Nicht nur bisher bio-renitente Konsumenten werden über diese neue Qualitätsform im Billigsektor erreicht, sondern auch all jene, deren Prinzip gut, günstig und gesund heißt.

Nicht nur, dass es die Öko-Lebensmittel und Fairtrade-Produkte waren, die den Weg für einen ganzheitlichen LOHAS-Lebensstil ebneten und ihn eigentlich erst gesellschaftsfähig machten. Nirgend-wo sonst haben Genuss und Werte-Renaissance solch eine Bedeu-tung wie beim Thema Essen. Weltanschauung und Prestige werden immer stärker abgelöst durch ein neues Bewusstsein für qualitativ hochwertiges und gesundes Essen. Immer vor dem Hintergrund: Es darf gegessen werden, was schmeckt und „Werte-voll" ist. Längst ist etwa ethisch korrektes Junkfood kein Tabu mehr und Organic Functional Food nicht länger eine Ausnahme.

Bio ist in der Mitte der Gesellschaft angekommen

Fest steht: Noch nie haben die Deutschen so viele Bio-Waren gekauft wie heute, und die neue undogmatische Lebenseinstellung der Konsumenten verändert den Food-Markt nachhaltig. Der Markt wächst seit 2003 im zweistelligen Bereich. Trotzdem bringen es Bio-Lebensmittel in den meisten Produktkategorien lediglich auf einen Marktanteil von 2 Prozent, wie die Zentrale Markt- und Preisbe-richtsstelle (ZMP) 2006 errechnet hat. Angetrieben wird der Boom vor allem durch den Einstieg der Supermärkte und Discounter ins Bio-Lebensmittel-Segment. Und es entstehen Kooperationen, wo bis vor Kurzem noch frostige Konkurrenz herrschte:

- Bereits 2003 hat Fast-Food-Gigant McDonald's Bio-Milch in sein Sortiment aufgenommen. Zunächst nur im Rahmen des Happy Meals, gibt es die Öko-Milch jetzt auch regulär. Und seit 2007 ist Bionade, die Kult-Brause aus der Rhön, ebenfalls bei McDonald's zu haben.
- Nicht nur, dass Lidl ein umfangreiches Angebot an Bio- und Transfair-Produkten gelistet hat, seit Sommer 2006 bietet der Discounter in seinen deutschlandweit 2007 Filialen das *Green-peace-Magazin* an. Mit dem exklusiven Deal zwischen dem Dis-counter und der Umweltorganisation wird nicht nur das ange-schlagene Image (Pokal für „Maximale Pestizidbelastung 2005") von Lidl verbessert, auch Greenpeace erreicht über diesen Schul-terschluss die ambivalenten LOHAS, auf deren Lidl-Einkaufslis-

ten Bio- und Transfair-Produkte ebenso stehen wie konventionelle Markenwaren.

- Eine gleichfalls vor Kurzem noch undenkbare Zusammenarbeit ist das Naturkostmagazin *Eve* eingegangen. Seit Anfang 2007 werden in der kostenlos erhältlichen Zeitschrift Rezepte des Abspeckvereins „Weight Watchers" abgedruckt.

Der deutsche Run auf Bio führt bereits zu ersten Lieferengpässen und -schwierigkeiten, da zwar die Bio-Käufer in Deutschland zunehmen, die Bio-Bauern hier zu Lande jedoch nur geringfügig mehr werden. Das heißt in aktuellen Zahlen: Die Nachfrage nach Bio-Produkten steigt in diesem Jahr um 16 Prozent, die Anbaufläche für Bio-Lebensmittel erweitert sich aber nur um 2,2 Prozent und die Zahl der Bio-Höfe um 3 Prozent. Die steigende Nachfrage nach Bio-Lebensmitteln in Deutschland kann nicht mehr aus heimischer Produktion gedeckt werden. Und was heute an der Ladentheke als Bio verkauft wird, ist nicht mehr das, wofür die Etiketten einmal standen. Obst und Gemüse kommen nur noch selten vom Bauern nebenan, sondern aus der ganzen Welt. Natürlich „kann jeder die globale Ausweitung der Ökolandwirtschaft nur gut finden", sagt Felix Prinz zu Löwenstein vom Bund Ökologische Lebensmittelwirtschaft. Aber die Öko-Pioniere hätten Öko einst nicht nur als lukrativen Markt verstanden, sondern vor der Haustür eine andere Landwirtschaft gewollt – ohne Agrarindustrie. Die deutschen Bauern verpassten nun diese Chance, so der Öko-Protagonist.

Das Wichtigste an der boomenden Branche: Bio-Produkte dürfen nicht länger „nur" gesund sein, sondern müssen den Ansprüchen an Genuss und Bequemlichkeit gerecht werden. So haben längst Plastiktüten in die Obst- und Gemüseabteilungen der Bio-Supermärkte Einzug gehalten, in denen dann formschöne Öko-Mangos abgewogen werden. Das Angebot an Lebensmitteln beschränkt sich nicht länger nur auf ein Basissortiment, sondern beinhaltet viele weiterverarbeitete Nahrungsmittel. Mit der wachsenden Auswahl an Produkten und dem steigenden Interesse an gesunden Lebensmitteln erhöht sich permanent auch die Nachfrage nach Bio-Food. So haben laut dem Marktforschungsunternehmen

GfK 90 Prozent der Deutschen bereits einmal ein ökologisch produziertes Nahrungsmittel gekauft.

Ist noch Bio drin, wo Bio draufsteht?

Nicht nur der Discounter Lidl will mit Bio Geld verdienen, auch Aldi, Plus oder Edeka springen auf die Welle auf und bauen ihr Bio-Sortiment rasant aus. Rewe hat den Trend ebenfalls erkannt und bietet neben dem klassischen Filialkonzept mit „Vierlinden" (www.vierlinden-naturmaerkte.de) Bio für Mainstreamer an. In Zeiten des proklamierten Bio-Booms wird die Frage nach den ursprünglichen Prinzipien des ökologischen Landbaus und seinem aktuellen Stellenwert laut. Ist auch Bio drin, wo Bio draufsteht? Das fragen sich angesichts immer umfangreicherer Bio-Sortimente und Umsätze in diesem Segment qualitäts- und umweltbewusste LOHAS. Denn es geht nicht nur um Preise und Marktanteile, sondern um die Frage, wofür Bio in Zukunft stehen soll. „Je mehr Bio zum Mainstream wird, umso mehr tritt Bio gegen Bio an", prognostiziert Thomas Dosch, Bundesvorstand des Verbandes Bioland. Bio, das ist Bio nach EG-Öko-Verordnung (diese erlaubt z.B. Fischmehl zur Fütterung von Geflügel). Bio ist aber auch, was Bioland, Demeter, Naturland und andere Verbände als Gütekriterien für sich entwickeln (sie schreiben beispielsweise vor, dass 50 Prozent des Tierfutters aus dem eigenen Betrieb oder einer regionalen Kooperation stammen muss). Die Bio-Siegel von Demeter & Co, die sich bislang fast ausschließlich auf Produkten in den Bio-Fachgeschäften finden, signalisieren strengere Richtlinien ... und höhere Preise. Dafür kann der Kunde sicher sein, dass nicht nur Mindeststandards eingehalten werden, sondern beispielsweise die Tiere in Ställen leben, bei deren Besuch einem nicht der Appetit verdirbt.

Bio im Supermarkt ist Krieg

Trotz des großen Hypes um Öko-Produkte: 97 Prozent aller deutschen Lebensmittel stammen noch immer aus konventionellem Anbau. Ein kräftiges Wachstum ist für die Bio-Branche darum ohne

Frage weiterhin wünschenswert. Neue Geldgeber sind dabei hilfreich. Und es ist nicht verwunderlich, dass sich Basic, die Nummer zwei unter den Bio-Supermarktketten, nach möglichst starken Partnern umschaute. Aber der Billig-Discounter Lidl als Partner der Bio-Kette Basic – das löste einen Proteststurm empörter Kunden und Lieferanten aus. Und so wurde die geplante Übernahme der Bio-Supermarktkette Basic durch den zur mächtigen Schwarz-Gruppe gehörenden Discounter Lidl (vorläufig) gestoppt. Basic ist mit 25 Filialen und 73 Millionen Euro Umsatz die zweitgrößte deutsche Bio-Kette nach Alnatura. Der Vorstand will jedes Jahr bis zu 15 weitere Bio-Supermärkte in Deutschland oder Österreich eröffnen und hatte im Februar 2007 den Lidl-Mutterkonzern Schwarz als Kapitalgeber ins Boot geholt, um schneller expandieren zu können. Nach Fälligkeit einer Wandelanleihe nächstes Jahr wird der Lidl-Konzern 23 Prozent der Basic-Aktien halten. Gegen die Absicht von Basic-Mitbegründer Richard Müller und anderer Anteilseigner, ihre Namensaktien ebenfalls an Lidl zu verkaufen, machte der Vorstand jedoch von seinem Vetorecht Gebrauch. Der bundesweit führende Bio-Großhändler Dennree und die Erzeugergenossenschaft Tagwerk sowie andere Lieferanten kündigten an, Basic im Falle der Übernahme nicht mehr zu beliefern. Ob die Mehrheitsübernahme durch den Lidl-Konzern damit endgültig vom Tisch ist, ist allerdings noch offen. Der Kampf um Bio-Marktanteile ist in vollem Gange.

Greenomics in den USA: Community Supported Agriculture

John Peterson betreibt einen Bio-Hof in der Nähe von Chicago. Er versorgt jede Woche mehrere Tausend Familien mit biodynamisch erzeugtem Gemüse und Kräutern und spielt sich selbst in dem Film *Mit Mistgabel und Federboa – Farmer John*

„Bio im Supermarkt ist ein Attentat", sagt John Peterson, der bekannteste Bio-Bauer und Bio-Protagonist der USA. In einem Film über sein Leben wirbt er für „Community Supported Agriculture (CSA)", ein neues Lebensmittelhandels-Modell, das statt eines Einstiegs konventioneller Supermarkt-Ketten wie Wal-Mart ins Biogeschäft regionale Anbau- und Vertriebsstrukturen propagiert.

„Mit CSA umgehen wir dieses massive System und die Infrastruktur der Agrarindustrie. Man hat Leute in der Nähe einer Farm, und die unterschreiben einen Vertrag für die ganze Saison und bekommen das Gemüse von diesem Hof. Und dann hat man die Regionalität, die begrenzte Größe, die Verbindung mit dem Land, mit der Landwirtschaft. Und ich als Bauer bekomme das Kapital nicht von der Bank, sondern von den Kunden.“

In den USA bezieht mittlerweile fast eine Million Leute ihr Gemüse von einer CSA-Farm. Tendenz: steigend! Der Mehrwert: mehr Nähe zur Natur und das gute Gefühl, den Planeten auf soziale, wirtschaftliche und ökologische Art zu unterstützen, während man gute und frische Lebensmittel kauft.

Trend zur Regionalisierung

Ursächlich für das neue Verständnis der Verbraucher für Qualität und Authentizität bei Food sind die zahlreichen Lebensmittelskandale, die regelmäßig die Nachrichten füllen. Das Vertrauen in Billiganbieter ist in gleichem Maße gesunken, wie die Skepsis gegenüber Großkonzernen wächst. Das Misstrauen gegen die Global Player der Lebensmittelindustrie stärkt nicht zuletzt die Regionen. LOHAS bevorzugen Anbieter, die ihnen Sicherheit und Garantie bezüglich der Qualität der Waren bieten können. Das werden in den nächsten Jahren vor allem lokale Produzenten und Händler sein. So befördert die Globalisierung der Esskulturen gleichzeitig den neuen Trend zu einer neuen Regionalisierung des Essens. Oder genauer gesagt: zur Stärkung kulinarisch markanter Regionen. Angesichts des globalen Angebots sowie der noch nie da gewesenen Vielfalt an unterschiedlichen Lebensmitteln aus aller Welt, die wir alltäglich in Supermärkten, Restaurants und Take-away-Shops konsumieren, ist die „Region“ ein hilfreiches Orientierungsmittel, das Authentizität, Transparenz und Vertrauen gewährleistet. Das bestätigen auch Studien im Fachbereich Agrarmarketing und Absatzwirtschaft der Humboldt-Universität zu Berlin. In einer Untersuchung zum Verbraucherverhalten wurde die Herkunftsangabe als eines der wichtigsten Kriterien ermittelt, um Zusatznutzen zu stiften. Mit der Herkunftsangabe assoziieren die Befragten Begriffe wie Sicherheit, Unbedenklichkeit und Überprüfbarkeit. Ob das nun die eigene Region vor unserer Haustür ist, Katalonien, Sechuan oder die Wachau, spielt dabei eine untergeordnete Rolle. Der Schinken, den wir essen, muss entweder ein Schwarzwälder oder einer aus Parma sein. „Region" funktioniert im Zeitalter der Greenomics als Marke. „Das beste Essen wächst vermutlich im eigenen Hinterhof, frotzelt *Time*-Autor John Cloud und trifft damit den Nagel au den Kopf: Nicht Bio und Öko allein bestimmen mehr die LOHAS-Märkte, sondern Qualitätslabels wie „Terroir", „Region", „CO_2-frei " oder „Direktvermarktung".

Ein Beispiel aus Katalanien: Weil in Katalanien keine Cola produziert wird, ist im „Origen 99,9 Prozent" (www.origen99.com) zwar nicht alles aus der Region, aber zum überwiegenden Teil. In dem kombinierten Delikatesgeschäft mit Restaurant wird die Gratwanderung zwischen Tradition und Moderne souverän vollzogen. Der Schwerpunkt liegt auf Produkten aus der Region, doch eben nicht mit dogmatischem Anspruch. Auch in der Küche geht „Origen 99,9 Prozent" einen neuen Weg: weg von der Hausmannskost und hin zu wirklich authentischen Rezepten, die die Betreiber Fita Rodriguez und Diana Capdevila in dreijähriger Recherche aus alten Kochbüchern und Gaststätten der Region zusammengetragen haben.

Beim Genuss regionaler Spezialitäten kommt man nolens volens auch in den Genuss eines guten, ökologisch reinen Gewissens. Ökobauern wirtschaften nämlich nachhaltig, schaffen lokale Wirtschaftsstrukturen und Arbeitsplätze, ziehen alte Nutztierrassen oder Obstsorten, pflegen Feld und Wiesen – kurzum: Sie erhalten die heimische Kulturlandschaft. Ob mit Rudolf Steiners „Landwirtschaftlichem Diskurs" unterm Arm, mit einem aufgeklärteren, modernen Öko-Bewusstsein oder aus Heimatliebe – immer mehr Produzenten erkennen den Wert der Marke „Regional".

Der Trend hin zur Regionalisierung verhilft einigen Geschäftsmodellen zum Aufschwung, die bislang in den Berechnung der Ernährungsvermarkter gar nicht vorkamen: Bauern mit dem längst überholten Hofladen-Modell und den Klöstern. Seit der Einkauf eine Frage des Vertrauens und der Glaubwürdigkeit und Authentizität geworden ist, stehen die Diener Gottes ganz oben in der Kundengunst. Der Verbraucher besinnt sich derer, die ihre Felder nach jahrhundertealter Tradition bestellen, Vieh züchten und Brot backen, der Profis unter den Heilkundigen und Selbstversorgern. Anders als Lidl, Rewe oder Aldi wirtschaften die Glaubensleute seit dem frühen Mittelalter im Einklang mit der Natur und im Auftrag des Herrn, nicht des schnöden Profites wegen. Zumindest steht es so geschrieben, seit der heilige Benedikt vor 1.500 Jahren das abendländische Ordenswesen gründete: „Bei der Festlegung der Preise darf sich das Übel der Habgier nicht einschleichen. Man verkaufe immer etwas billiger, als es außerhalb des Klosters möglich ist." Dass die Kunden im Klosterladen trotzdem mehr zahlen als beim Discounter um die Ecke, liegt an Produktionsweise, geringer Stückzahl und dem Umstand, dass jede Klostergemeinschaft für das eigene Überleben verantwortlich ist. Zuschüsse von der Kirche gibt es nicht.

Markenzeichen „Made im Kloster"

Die Geschäftstüchtigen unter den Klosterbewohnern haben ihre Chance nach BSE, Vogelgrippe und Gammelfleisch längst erkannt. „Made im Kloster" entwickelt sich zum Markenzeichen. Viele Klöster wie St. Hildegard oberhalb von Rüdesheim (www.abtei-st-hildegard.de) erweitern oder eröffnen einen Laden, sie erobern die Innenstädte und das Internet. Auch das Edel-Versandhaus Manufactum (September 2007 von Otto zu 100 Prozent übernommen) führt „Gutes aus Klöstern". Den Aufpreis von mindestens 20 bis 30 Prozent gegenüber dem Einzelhandel nehmen die Kunden im Klosterladen in Kauf. Schulterzuckend. Haben die Alternativen der 1980er Jahre die Rüdesheimer Weinberge noch zu Fuß oder auf dem Rad erklommen, so laden die „Edel-Ökos" heute den Kofferraum voll mit Wein und Dinkelprodukten oder landwirtschaftlichen Erzeugnissen aus befreundeten Klöstern. Dass die 150-Gramm-Packung Dinkel-Knusperwaffeln 3,40 Euro kostet, spielt dabei eine untergeordnete Rolle. Hauptsache, es wird auf Geschmacksverstärker, Haltbarkeitszusätze und Tiermehl bei der Viehfütterung verzichtet und mit natürlichen Mitteln gedüngt.

„Die Kunden wollen wissen, woher die Lebensmittel stammen. Gerade bei Fleisch ist die Herkunft ausschlaggebend", sagt Hans Hagenow vom Haus Bollheim bei Köln. Seine Stammkunden sind kinderlose Genießer-Ehepaare (Toskana-Fraktion) und ernährungsbewusste junge Familien. 200 Hektar bewirtschaftet der Öko-Bauer, 60 Prozent des Umsatzes erzielt er über den Direktverkauf, 1,2 Millionen Euro im Jahr. Er gehört zu den etwa 40.000 Bauern, die inzwischen einen Teil ihrer Ware direkt vertreiben. Der eine verkauft Obst und Gemüse, der andere Schweinefleisch und Wurst, einer Eier, der nächste Lamm. Damit sich für die Kunden die Anfahrt lohnt, bilden sich vielerorts regionale Zusammenschlüsse. Das Kloster Plankstetten beispielsweise, seit 1994 ein Öko-Gut, verkauft auch die Produkte der Bio-Bauern rundum. Dazu bieten viele Höfe Extras, die ein Einzelhändler schuldig bleiben muss: der Einkauf als Verkostungserlebnis oder als Familienevent mit Abenteuerspielplatz, Streichelzoo, Besuch beim Kälbchen und Hoffest. Beim Kloster gibt es daneben auch Seelsorge und ein wenig Aura gratis:

Beste Beispiele für das Modell „Zurück zum Ursprung"

- Die nordhessische Upländer Bauernmolkerei (www.bauernmolkerei.de) hat eine Bio-Milch auf den Markt gebracht, die mit einem Aufschlag von 5 Cent verkauft wird. Jede Milchtüte enthält das „Erzeuger-fair Milch"-Zeichen Der Aufschlag fließt direkt an die heimische Landwirtschaft. Das Produkt ist ein voller Erfolg. Mit den 5 Cent pro Liter unterstützen die Käufer aktiv die heimischen Bio-Bäuerinnen und -Bauern und sichern damit langfristig deren Existenz.
- Lokalmatador Andreas Schneider will immer wieder seine Grenzen ausloten und manchmal auch überschreiten. „Es ist superspannend, mit neuen Sorten und Ausbaumethoden zu experimentieren", sagt der Apfelwein-Junkie. Wer Schneiders Spitzenprodukte wie die 2006er Rote Sternrenette „mit viel Mucki Mucki", das 2006er Heimat-Cuvée, eine kompakte Essenz aus

vollreifen Äpfeln, oder die hessische Antwort auf Prosecco, prickelnd-fruchtige 2006er Ananasrenette, verkostet, dem eröffnen sich völlig neue Geschmacks- und Genusshorizonte. Einmal frech, einmal experimentell, aber immer gekonnt komponierte, im Geschmack runde Apfel(schaum)weine sind das Ergebnis eines jahrelangen Entwicklungsprozesses. „Ich keltere und baue seit 15 Jahren sortenreine Apfelweine, die ersten zehn Jahre waren wirklich hart. Denn ich habe auch mal 1.000 von 5.000 Litern, das war 1996 ein Fünftel meiner Jahresproduktion, weggekippt, weil das Produkt nicht meinen Ansprüchen genügte." Zugegeben: Der „Ebbelwoi", wie er in Frankfurt heißt, hat schon bessere Zeiten gesehen. Derzeit liegt sein Image bei einer breiten Konsumentenschicht am Boden, gilt als billiges Gesöff. Selbst Traditionskeltereien kämpfen bei sinkendem Pro-Kopf-Verbrauch (1992 = 1,6 Liter, 2006 = 0,72 Liter) ums blanke Überleben. Andreas Schneider zuckt dazu nur mit den Schultern und lächelt wissend: „Meine Kunden und Gäste suchen bei einer immer mehr industriellen Produktion von Waren und Lebensmitteln nach Authentizität, nach der Nachvollziehbarkeit von Herkunft und Produktion. Wenn ich meinen Gästen erkläre, dass ich bewusst und sorgsam pflanze, ohne Gift, sondern mit der Hacke das Unkraut bekämpfe, die Früchte zur rechten Zeit von Hand ernte, mich um (fast) ausgestorbene Apfelsorten und den Erhalt von Streuobstwiesen, Refugien für die heimische Tier- und Pflanzenwelt, kümmere, dann verstehen die ganz schnell, dass Apfelwein nicht zwangsläufig ein Billigprodukt ist und akzeptieren auch meine durchaus höheren Preise." Ausgezeichnet wurde Schneider 2002 mit dem Ökologieförderpreis des Bundesverbraucherministeriums; 2003 mit dem Ökologiepreis der hessischen Landesregierung (www.obsthof-am-steinberg.de).
- Edelbrenner Arno Dirker zählt nicht nur zu den Top-Edelbrennern, dessen Produkte auf allen Digestifwägen der Spitzengastronomie zu finden sind, er ist auch berühmt für die ungewöhnlichsten Brände und Geiste der gesamten Branche. Handgeschriebene, farbige Etiketten in schönster „Sonntagsschrift" sind das optische Erkennungszeichen der Dirker-Brände, die in dickbauchigen Fla-

schen und einem schlichten Korkverschluss neben den aufgemotzten Fläschchen der anderen Topbrenner Europas einen
sympathischen Eindruck machen. Die Heimat der feinen Dirker-
schen Brände ist Mömbris bei Aschaffenburg. Und von dort
kommen auch fast alle Früchte, deren Geschmack später als
Brand, Geist oder Wasser für die Ewigkeit – oder zumindest für
die nächsten Jahre – konserviert wird (www.dirker.de oder
www.gourmetnetwork.de).

- Ein Niederösterreicher holt das Meer in die Berge. Die Verbindung von Tradition und Moderne gelang Wasserwirt Peter
Brauchl mit seiner Idee, Alpenlachse zu züchten. Fernab von den
Weltmeeren züchtet er seit über 20 Jahren mitten in den österreichischen Alpen Lachse, die Spitzenprodukte sind. Nach einem
patentierten Verfahren werden die Fische mit selbst entwickelten
Futtermitteln aus ökologischem Anbau und kalt gepressten Saatölen mit essenziellen Fettsäuren gefüttert. Ebenfalls patentiert ist
ein Verfahren, das für ausreichend Bewegung und Muskelaufbau
der Fische sorgt. Die Königs-, Silber-, Kavaliers- und Arktischen
Lachse wachsen in den mit klarem Bergwasser gefüllten, sich
selbst reinigenden Teichanlagen bis zum Smolt-Stadium heran –
die Entwicklungsstufe, in der sie normalerweise ins Salzwasser
wandern. Köche, Gastronomen und Gourmets sind von den
Fischen begeistert, da sie gesunden Genuss garantieren. Um der
steigenden Nachfrage gerecht zu werden, vermarktet Brauchl
seine in Mitteleuropa einzigartige Idee mittlerweile als Franchise-
System. Rund ein Dutzend Partner zählt der Wasserwirt gegenwärtig (www.alpenlachs.at).

- Verantwortung für die ökonomische und ökologische Entwicklung unserer Lebensräume liegt zu 100 Prozent bei Anbietern und
Konsumenten, meinen die Masterheads aus der Bioeis-Manufaktur Healthy Planet. „Der Konsum intelligenter und kontrolliert
nachhaltiger Produkte verbessert die Lebensqualität. Konsum, der
Qualität und Ganzheitlichkeit vor den Preis stellt, trägt dazu bei,
dass sich die Umwelt erholen kann und soziale Ungerechtigkeit
abnimmt", sind sie sich sicher. Unter der Bioeis-Manufaktur
Healthy Planet verbirgt sich die unternehmerische Umsetzung

des neuen LOHAS-Lifestyle, der dabei ist, unsere Welt zu verändern und – davon sind wir überzeugt – zu verbessern. Healthy Planet versteht sich als wachstumsorientiertes Unternehmen, das soziales Engagement, fairen Handel und ökologisch verträgliche Prozesse als selbstverständliche Grundlage allen Handelns begreift. Somit legen Macher der Bioeis-Manufaktur die Zukunft unseres Planeten nicht auf Eis. Was sie produzieren, hat Gourmetniveau: Bio-Grüntee-Jasmin-Eis, Bio-Mango-Chilli-Eis oder das Apfelweinsorbet „Frozen Stöffche" (www.healthyplanet.de).

Regionalität ist neben Bio ohne Zweifel der zweite große Trend in der deutschen Marktlandschaft, weil die Menschen sich nach Waren sehnen, die nicht Hunderte oder gar Tausende von Kilometern zurücklegen müssen, bevor sie auf dem Teller landen. LOHAS geben den Anbietern den Vorzug, deren Waren ihnen das bieten können und die vor allem authentisch sind und eines tun: schmecken. Und dafür geben LOHAS gern die rund 15 Prozent mehr aus, die diese Form der Erzeugung mit sich bringt.

Gastro-Trend: Bio-Produkte erobern auch die Profiküchen

Der Appetit auf Bio wächst, und schon gibt es Gäste, die erst ins Restaurant zurückkehren wollen, wenn Bio-Fleisch und -Gemüse auf der Karte stehen. Und innovative Gastronomen reagieren. So entwickelt sich die Gastronomie zu einem wichtigen Absatzkanal für biologisch-regionale Spezialitäten. Es kann also auch gesund leben, wer auswärts essen geht. Rund 50 Prozent der Profiküchen in Hotellerie und Restaurants verwenden regelmäßig Bio-Produkte. Hauptsächlich Gemüse und Obst, Fleisch sowie Brot und Backwaren werden von Öko-Lieferanten bezogen. Das ergab eine Untersuchung des internationalen Marktforschungsinstitutes Marktplatz Hotel/ CHD Expert im deutschen Gastgewerbe. Viele junge Köche wie der Frankfurter Top-Koch Thomas Haus im Restaurant Goldman besinnen sich auf regionale Zutaten für ihre innovative Rezepte: Statt Thunfischfilet kommt die Lachsforelle aus dem naturnahen Teich mit eigener Quelle aus dem Vogelsberg auf den Tisch, wird die

Flugananas gegen regionale, saisonal geerntete Früchte wie Erdbee-
ren getauscht und Salat und Kräuter in direkter Nachbarschaft beim
Oberräder Gärtner gekauft. Der erhöhte Aufwand wird in der
Umfrage mit dem Wunsch der Gäste nach mehr Bio und die
Hoffnung auf neue Kunden begründet. Damit ist Bio im Außer-
Haus-Markt längst eine wichtige Größe. Dies korrespondiert mit
dem Trend zu gestiegener Bio-Nachfrage der Verbraucher im Einzel-
handel. Die Restaurantbetreiber erwarten mit mehr Bio zwar neue
Gäste, jedoch nicht im gleichen Maße eine Umsatzsteigerung.

Beispiele hierfür:

• Die Mitgliedsbetriebe der „Niederösterreichischen Wirtshauskul-
  tur" verstehen sich besonders darauf, feine Gerichte aus saisona-
  len und vor allem regionalen Köstlichkeiten zu zaubern. Marille
  und Wein aus der Wachau, Kraut, Rüben und die wiederentdeckte
  Heumrübe im Wienerwald, Erdäpfel und Krapfen im Waldviertel
  – jede Region hat ihre eigenen Spezialitäten, und die kommen
  hier auf den Tisch (www.wirtshauskultur.at).
• Eine Einladung, die sagenhafte Vielfalt einer liebenswerten Region zu erleben und zu genießen, sind die unterschiedlichen
  Aktionswochen der Odenwaldgasthäuser (www.odenwald-gast-
  haus.de). Odenwälder Kartoffel- oder Grünkernwochen, Lamm-
  und Wildwochen betonen den regionalen Charakter der Fein-
  schmeckerküche. Alle wesentlichen Zutaten für die Speisen und
  Getränke, die unter dem Markenzeichen Odenwald-Gasthaus
  angeboten und zubereitet werden, stammen nachweislich aus der
  nahen Umgebung. Das garantiert Frische, ursprünglichen Geschmack und die Unbedenklichkeit der Produkte. Woher die
  Grundprodukte stammen, verrät die Lieferantenliste auf den
  Speisekarten. Auch die Lieferanten freuen sich auf den Besuch
  der Gäste.

In der Schweiz und Österreich werben große Supermarktketten wie
Migros, Billa und Coop bereits seit Jahren für regionale Bio-
Spezialitäten. Erste Angebote in Deutschland: Die Allgäuer Super-
marktkette Feneberg bietet in ihren 80 Filialen unter dem Etikett

„Von hier" Biowaren aus der Umgebung an. Das hessische Unternehmen Tegut preist in seinen Märkten Biowurst und -fleisch aus der Rhön an. Sogar Plus hat neuerdings Milch, Quark und Sahne aus der Region ins Sortiment genommen. „ALPA – Genuss aus der Heimat" heißt die neue Marke.

Terroir steht künftig nicht nur beim Wein für Klarheit und Transparenz.

> „Weinkultur soll nur dann auf das Etikett, wenn sie in der Flasche auch drin ist. Und wenn der Name einer Region, eines Dorfes oder gar eines Weinbergs auf der Flasche steht, darf dies nicht nur formal stimmen, der Wein muss auch den entsprechenden Charakter seiner Herkunft verkörpern. Gleiches gilt auch für Angaben wie Rebsorte und Jahrgang. Terroir steht für einen ökologisch verantwortlichen Umgang mit der Natur", erklärt Kult-Winzer Reinhard Löwenstein.

Nachdem in Deutschland, laut Daten der ZMP, die auf Befragungen bei den Öko-Kontrollstellen beruhen, die Anbaufläche für die Erzeugung von Öko-Wein vom Jahr 2000 bis 2003 beinahe stagniert hatte und sich auf ca. 1.800 Hektar belief, erfolgte 2004 ein regelrechter Sprung auf 2.500 Hektar. In den Folgejahren 2005 und 2006 nahm die Anbaufläche erneut nur geringfügig zu und beläuft sich aktuell nach Zahlen der ZMP auf 2.700 Hektar im Jahr 2006. Der Bio-Anteil der in ganz Deutschland bewirtschafteten Rebfläche liegt damit bei lediglich 2,8 Prozent. Wesentlich größere Anbauflächen für die Erzeugung von Öko-Wein finden sich in Europa in Italien, dem Spitzenreiter mit über 30.000 Hektar. Der Flächenanteil den der Bio-Rebanbau gemessen an der gesamten Rebanbaufläche in Italien erreicht liegt bei 4 Prozent und damit am höchsten in Europa.

Fazit: Die emotionale Beziehung von Verbrauchern zu einer Region führen zu Produktpräferenzen. Insgesamt ist es also notwendig, in langfristigen Wertschöpfungsketten zu denken und die beteiligten Partner dieser Ketten in eine gemeinsame Strategie einzubinden. Für ein erfolgreiches Bestehen auf dem Öko-Markt wird es künftig für die Landwirte darum gehen, langfristig ihr Einkommen zu sichern und im ökologischen Landbau effektiv zu wirtschaften. Es wird deshalb wichtiger, den Verbrauchern transparente und glaubwürdige Vermarktungsformen anzubieten. Ziel des Einzelhandels wird es sein, sich mit „neuen" Konzepten gegenüber der Konkurrenz zu profilieren („Hier finden Sie bevorzugt regionale Produkte"). Eine regionale Marketingstrategie kann die Akteure vor Ort miteinander vernetzen, damit es immer öfter heißt: Regional ist erste Wahl!

Weitere Zahlen und Fakten, die den Regionalisierungstrend unterstützen:

- 60 Prozent der Bundesbürger, wollen einer Forsa-Umfrage zufolge, zukünftig beim Einkaufen stärker auf die regionale Herkunft der Waren achten.
- Mehr als die Hälfte der Bevölkerung kauft bereits einmal im Jahr ein Produkt direkt beim Bauern, weiß der Bayerische Bauernverband.
- Eine aktuelle Studie der Universität Göttingen ergab, dass der typische Kunde eines Hofladens mit Bio-Erzeugnissen überdurchschnittlich gut gebildet ist. Zwei Drittel verfügen über eine Hochschulzugangsberechtigung und 40 Prozent über ein abgeschlossenes Studium.
- Und man höre und staune: Besonders Männer ziehen die Direktvermarktung gegenüber einem Einkauf im Supermarkt vor.

Doch bleibt der ausschließliche Einkauf auf dem Wochenmarkt oder im Hofladen illusorisch. Die Neo-Ökos präferieren neue Hybridformen, die sowohl regionale wie auch globale Produkte einschließen. Mischformen wie beispielsweise die Kooperation des regionalen Netzwerkes „Unser Land" (www.unserland.info) mit lokalen Supermarktketten. Neun Solidargemeinschaften rund um München bilden dabei die Dachmarke. Das Netzwerk kooperiert mit der Supermarktkette Tengelmann und bietet seine Waren in über 150 großstädtischen Filialen in München an. Dazu kommen rund 500 weitere Geschäfte in und um München, deren Betreiber ebenfalls die regionalen Waren im Sortiment haben. Und auch Edeka Süd-West baut das Angebot regionaler Produkte nach und nach aus. Unter der Marke „Unsere Heimat – echt & gut" werden Milch vom Bauern um die Ecke und Salat quasi frisch vom Feld angeboten (www.unsereheimat.de).

Genuss mit gutem Gewissen und ohne Verzicht

Die neue Sehnsucht nach Ursprünglichkeit und Vertrauenswürdigkeit bedeutet nicht automatisch Kompromisse, Rückzug und Askese. Denn der moralische Verbraucher der heutigen Zeit will auf Genuss und Luxus nicht verzichten: So wird Alnatura mit Aldi kombiniert, das Fertiggericht darf aus dem Hypermarket kommen, allerdings bitte ohne Zusatzstoffe, und auch Shrimps sind okay, wenn sich der Importeur verpflichtet, die Mangrovenwälder aufzuforsten. Dafür setzen sich unter anderem Importeure wie Deutsche See, Costa oder Paulus ein, deren Garnelenschwänze, Black Tiger und Pacific Prawns nicht in thailändischen Aquakulturen gezüchtet werden, für die vorab Mangroven abgeholzt wurden (www.deutsche-see.de).

Dass die moralischen Hedonisten keine Kompromisse eingehen wollen, zeigen die boomenden Genießermärkte des Neuen Luxus. So erfüllen Artikel wie Schokolade, Wein, Kaffee oder Tee ja auch alle Anforderungen der LOHAS. Die neuen Trend-Genussmittel sind in Maßen genossen gesundheitsförderlich: Bitterschokolade und Rotwein helfen gegen Herzinfarkt, Kaffeebohnen beugen Diabetes vor, und die Flavonoide im Tee wirken als Radikalfänger. Den ersten, zu 100 Prozent ökologischen Gourmet-Tee in natürlich abbaubaren Designerboxen, launchte im Frühjahr 2007 The London Tea Company für „down to earth connoisseurs", die ein gesundes Premium-Produkt mit Mehrwert zu schätzen wissen (www.londontea.co.uk). Diese Gourmetprodukte bedienen zudem als Transfair- und oder Terroir-Produkte die ethische Komponente und – was vielleicht mit der wichtigste Faktor ist und sie etwa von Bananen oder Äpfeln unterscheidet – sie können exzellent zelebriert werden.

In dieser Kultur bildet sich ein neues Genießertum heraus. Schokolade ist der neue Wein. Nicht nur, dass sich die Erwartungen ans Schokoladeessen geändert haben – auch das Produkt als solches ist in seiner Wertschätzung auf eine Ebene mit Wein, Käse oder Whisky gerückt. Während einst die Herkunft und das Bouquet eines Bordeaux auf der Dinner-Party diskutiert wurden, sind es heute die Schokoladenaromen. Nicht nur ist das Interesse daran gewachsen, woher die Kakaobohnen stammen, sondern auch wie viel des Profits an die Plantagenarbeiter geht. Und Transfair heißt im Zeitalter der grünen Genießer-Ökonomie nicht länger langweilige Schokoladen in uninspirierten Verpackungen. Ein Hersteller, Orgasmic Chocolates, hat eine Produktreihe, die – nomen est omen – genau das verspricht, zumindest beinahe. Die Firma verwendet ausschließlich fair gehandelte Kakaobohnen sowie chinesische Kräuter und Früchte und wirbt damit, dass die spezielle Mischung ein einzigartiges Erlebnis für die Sinne sei. Das Unternehmen geht sogar so weit zu behaupten, dass das Auspacken der Schokolade („undressing your chocolate") eine sinnliche und aufregende Erfahrung sei. (http://www.orgasmicchocolates.com)

Schokoladenproduzenten arbeiten zunehmend mit einer Sprache, die wir normalerweise mit Künstlern, Gourmets oder eben Designern in Verbindung bringen: Signature, Couture, Kollektionen, Saison oder Nuancen. Der Schlüssel zum Erfolg ist, dass Schokolade im Verhältnis ein relativ preiswerter Luxus ist – von Faith Popcorn Small Indulgence, kleine Schwäche, genannt. Auch gilt Schokolade mit einem hohen Kakaoanteil heute als durchaus gesund und sei – in Maßen genossen – für die Figur nicht schädlich. Darüber hinaus ist Schokolade ein absolut emotionales Genussmittel, das leichter zu verstehen und zu genießen ist als etwa Wein oder Whisky.

Edel-Chocolatier Domori (www.domori.com) nennt seine Produkte nicht umsonst „Cacao Cult". Und neben der rasanten Zunahme an exklusiven Schokoladenboutiquen wie dem Londoner Hotel Chocolat (www.hotelchocolat.co.uk) oder dem Frankfurter Äquivalent Bitter&Zart (www.bitterundzart.de) werden zunehmend Angebote wie Workshops (www.mychocolate.co.uk) oder ganze Menüfolgen rund um Schokolade nachgefragt. In Berlin hat jüngst das erste Schokoladenrestaurant der Chocolatiers Fassbender & Rausch am Gendarmenmarkt eröffnet (www.fassbender-rausch.de). Ecofinia repräsentiert einen weiteren Trend im Schokoladenregal: die Schokolade aus ökologischem Anbau und ökologischer Produktion und die Schokolade aus fairem Handel. Ecofinia vermarktet die Marke Vivani, die ihren Siegeszug in Bio-Supermärkten und Reformhäusern angetreten hat. Produziert werden die Tafeln von der III Jahre alten Muttergesellschaft, der Herforder Ludwig Weinrich GmbH. Zweistellige Wachstumsraten verzeichnet die Firma, die es ohne das Ökogeschäft heute wohl schwer hätte. „Der Trend geht eindeutig Richtung Bio", sagt Inhaber Meyer. Deutschlands größter Händler für Bio-Lebensmittel, Gepa, verzeichnet für seine Schokoladen ein Plus von mehr als 30 Prozent in einem schrumpfenden oder höchstens stagnierenden Markt.

Ähnlich wie auch Schokolade eine steile Karriere vom Supermarktartikel zum Luxusprodukt hingelegt hat, wird auch Olivenöl mittlerweile bombastisch inszeniert. Nicht nur, dass immer mehr Deutsche zu Olivenöl greifen (so lag noch 1995 der Pro-Kopf-Verbrauch bei unter 0,2 Litern jährlich, während er zehn Jahre später bereits bei knapp einem Liter lag), auch das Verständnis von Qualität und Verzehr hat sich gewandelt. So sind auf Olivenöl spezialisierte Geschäfte mit Namen wie Öldorado oder Olicatessen heute keine Ausnahme mehr. Das als besonders gesund geltende Speiseöl wird in Tastings verkostet wie ansonsten Wein (www.oliven-oelseminar.de) und ist Aufmacher für Gourmet- und Gastro-Zeitungen (www.der-feinschmecker-club.de). Und seit einigen Jahren gibt es sogar in Deutschland die erste Messe, die sich ausschließlich mit Produkten rund um Extra Virgin und Tropföl befasst. Das Oliterra-Projekt des Freiburger Professors Albert Schüler vermittelt für 150 Euro Olivenbaum-Patenschaften in Griechenland, Spanien und Italien und bringt damit Konsumenten und ökologische produzierende Olivenbauern in Kontakt. So eröffnen sich für die Bauern neue Marktchancen. Zugleich ist Oliterra ein Beitrag zur Förderung des sanften Tourismus. Denn man kann unter dem Baum, auf dem das eigene Olivenöl heranreift, sein Zelt aufschlagen oder beim Bauern Ferien machen. (www.oliterra.de)

Gewinnträchtiger LOHAS-Markt: Cool Convenience

Der Faktor Bequemlichkeit erlangt in Zeiten, in denen Mobilität und Flexibilisierung allgegenwärtig sind, einen immer höheren Stellenwert. Speziell in der Lebensmittelbranche sind On-the-run, Out-of-home und Ready-to-eat schon jetzt aus dem Nahrungsmittelsektor nicht mehr wegzudenkende Angebote. Und obwohl es bei Tiefkühlpizzen 2004 ein ungebremstes Wachstum von mehr als 10 Prozent gab, ist insbesondere der Markt an Frische-Convenience die Branche der Zukunft: Während der Chilled Food Anteil am Sortiment heute rund drei Prozent ausmacht, schätzen Einzelhändler, laut CMA, dass er in 3 Jahren auf bereits 10 Prozent angewachsen sein wird. Denn statt Fast Food verlangen Konsumenten immer stärker Fast Good. Der Außer-Haus-Markt beginnt sich mit Suppenbars, Sushi-Circles und Veggie-Diners langsam, aber sicher sich auf den Geschmack der neuen Powerzielgruppe LOHAS einzustellen – die Industrie reagiert mit „Reinheitsgebot" (www.frosta.de), Schon-Gar-Prinzip für Nährstofferhalt (www.erasco.de) und „Gemüse satt" (www.knorr.de). Denn in dem Maße, wie der Faktor Zeit in unserer Gesellschaft immer mehr zum Luxusgut avanciert, wird Convenience zum Wachstumsmotor der Food-Branche – allerdings nur in Verbindung mit Schlagwörtern wie Qualität, Gesundheit und Glaubwürdigkeit. Das Bewusstsein der Verbraucher für Convenience-Food unterliegt derzeit einem starken Wandel – weg vom Junkfood ohne Nährwerte hin zu qualitativ hochwertigen, gesunden und gut schmeckenden Fertiggerichten. Lebensmittel- und Gastronomiebranche müssen sich den neuen Anforderungen an Qualität von Convenienceprodukten stellen. Denn nicht zuletzt in der Food-Branche ist Convenience mittlerweile ein Garant für Umsatzplus – insbesondere dann, wenn Fertiggerichte einen Gesundheitsbonus aufweisen.

- Davon konnte sich jüngst erst Frosta überzeugen, die sich 2003 selbst ein „Reinheitsgebot" auferlegten. Damit setzten sie nicht nur den vollständigen Verzicht auf Zusatzstoffe wie Aromen, Geschmacksverstärker, Farbstoffe oder Stabilisatoren in die Tat um. Sie bauten ihre Stellung als Marktführer für Fertiggerichte in

Deutschland aus. Mit 10 Prozent Wachstum im Jahr 2006 hängten sie die Konkurrenz ab (www.frosta. de).

- Und der Trend hin zu gesunder Convenience-Kost entfaltet sich in globalem Maßstab: Der indische Lieferservice Calorie Care ist ein Health-Food-Lieferservice in der 18-Millionen-Metropole Mumbai, der gesundheitsbewussten Indern ernährungsphysiologisch wertvolle Mahlzeiten (wahlweise Frühstück, Mittagessen, Abendbrot sowie Zwischenmahlzeiten) nach Hause liefert. Ernährungsberater informieren sich vorab in einem persönlichen Erstinterview bei den indischen LOHAS über Geschmacksvorlieben, gesundheitlichen Zustand wie eventuelle Allergien des Kunden und unterstützen mit Ernährungstipps für Reisen und Restaurantbesuche (www.caloriecare.com).

- Welches Potenzial der neue Zeitspar- und Convenience-Markt birgt, zeigt auch der kürzlich eröffnete Deli-Store für Kinder namens Kidfresh. Für jedes Alter – vom Baby bis zum Teen – offeriert das New Yorker Unternehmen gesunde und frisch zubereitete Gerichte zum Mitnehmen. Ob Frühstück, Pausenbrot oder Abendessen – bei Kidfresh erhalten eilige Eltern ausgewogene Mahlzeiten, die sich die Kinder nach einem Baukastenprinzip zusammenstellen können. Verwendet werden nur natürliche Zutaten, viele davon in Bio-Qualität. (www.kidfresh.com).

Wie Londons Gastronomie aus Fast-Food-Einerlei ein neues Lifestyle-Produkt macht

Auch wenn die Londoner immer gesundheitsbewusster werden, bekennen sie sich doch gelegentlich immer noch zu ihrem Verlangen nach großen, fettigen Burgern. Wenn man bis vor Kurzem schnell und billig einen Burger erstehen wollte, gab es kaum mehr Auswahlmöglichkeiten als McDonald's oder Burger King. Aber die Fast-Food-Generation ist nicht nur erwachsen geworden, sondern auch anspruchsvoller, was ihre Ernährung angeht. Sie will „gewissenhaft" futtern:

- Die Vorreiterrolle in London für diese Nachfrage spielte die Gourmet Burger Kitchen (bekannt als GBK, www.gbkinfo.com) mit ihrem neuen Konzept „food on the go". Die erste Filiale öffnete 2001, heute gibt es acht, verstreut über die trendigeren Bezirke Londons. Wie der Name suggeriert, lässt sich der Erfolg von GBK darauf zurückführen, dass die Kleinkette ein ausgeklügeltes, nahrhaftes Produkt kreiert hat, für dessen Zubereitung nur beste und frischeste Zutaten verwendet werden. Zwischen den exotischen und innovativen Kombinationen auf der Speisekarte finden sich Huhn, Camembert und Cranberry, Rind, Avocado und Bacon, Chorizo und Süßkartoffel, Lamm und Minz-Relish oder auch der vegetarische Portabella-Pilz-Burger bei Preisen um 10 Euro.
- Was dieses Konzept so erfolgreich gemacht hat: Es hat die Klischeevorstellungen von Selbstbedienungsrestaurants unterlaufen. Chef Peter Gordon: „Ich liebe das Konzept, etwas Einfaches wie einen Burger zu nehmen und sein Potenzial zu erweitern, indem man ihm einen bestimmten, innovativen Geschmack verpasst." GBK besteht unter anderem darauf, dass nur Aberdeen Angus Beef aus Schottland verwendet wird, und zwar von Freilandtieren, die ausschließlich mit Bio-Gras gefüttert und die in frisch gebackene Riesen-Sauerteigbrötchen serviert werden. Für einige Gäste befremdlich: Es gibt keine Desserts, weil die Kunden dabei zu lange rumhängen und die „teuren" Tische blockieren. Währenddessen verfolgt GBK den Transparenz-Trend im Food-Business mit einem direkten Einblick in die Küche. Selbstverständlich ist das gesamte Restaurant eine Nichtraucherzone.
- Andere erfolgreiche neue First-class-Fast-Food-Konzepte sind die Fine Burger Company (FBC, www.fineburger.co.uk) und die Hamburger Union (www.hamburgerunion.com) sowie der Newcomer Haché (24 Inverness St, London, NW1 Tel: 00 44 20 7485 9100), die allesamt Burger der gehobenen Preisklasse mit verschiedenen Highlights anbieten. Haché, das auch den begehrten „Time Out Magazine Best Burger Award" gewonnen hat, bietet Bedienung am Tisch und Desserts, wobei der Burger durchschnittlich „nur" 9 bis 12 Euro kostet. Die fünf FBC-Filialen

kommen mit einer schicken und einfachen Holzeinrichtung daher – bequem, aber nicht zu gemütlich. Die Hamburger Union hat derzeit drei Filialen und bietet im Gegensatz zu den anderen den sogenannten Protein-Style Burger für Atkins-Anhänger, was schlicht und einfach Burger ohne Brötchen bedeutet. Die Bouletten werden einfach nur in Salatblättern serviert.

Aufgrund der äußerst positiven Presse planen alle Burger-Ketten eine Expansion in und um London. „Keinen Moment zu früh", sagen viele, die etwas Warmes und vor allem Nahrhafteres für den Lunch suchen. Wie ein Journalist über die GBK-Burger sagte:

> „Sie sind stolz und bourgeois. Sie sind groß, vertrauenswürdig, gesund und sehr mittelklassig. Ein Gourmet-Burger sollte wirklich ‚Burgher' geschrieben werden. Dieses Essen passt zu den kritischen, verwöhnten Gaumen der Gentlemen und Gentlewomen der Hauptstadt, die ihre Finger, Mägen oder Gewissen nie mit einem McDonald's-Essen verschmutzen würden."

Protagonisten bei Fast-Good-Food in Deutschland ist die 11te Generation aus Wiesbaden (www.die-11te-generation.de). Gegen den Untergang der Esskultur im Zuge der Industrialisierung unserer Ernährung, dem zunehmenden Wettbewerbsdruck durch internationale Großkonzerne und deren Niedrigpreisstrategien, stemmt sich der Bratwurstspezialist mit traditioneller Herstellung und hochwertigen, ökologisch korrekten Grundprodukten. Die war übrigens erst nach zehn Probeläufen nach dem Geschmack der Hersteller, deswegen auch der Company-Name: 11te Generation.

Wagen wir einen Ausblick: Bio war (vielleicht) schon gestern – regional und authentisch ist die Zukunft. Mit dem Erreichen der Kapazitätsgrenzen (Anbaufläche) wird die viel beschworene Bioqualität infrage gestellt. Ein Ausweg für glaubwürdige Anbieter könnte der Fokus auf regionale Produkte sein. Direktverkauf und „Qualität von hier" haben gegenüber dem Label „Bio" den Vorzug, dass der Vertrieb von vornherein nachhaltig ist und Herkunft wie Herstellung nachvollziehbar sind. Außerdem würde dieser Weg einer Marktentwicklung zuwiderlaufen, die, bedingt durch die hohe Nachfrage, Bastarde wie transnationale Bio-Konzerne hervorbringt. In den USA gilt bereits die Devise „Local is the new organic."

Trendbriefing: Was Sie beachten sollten ...

- Die nachhaltige Unbedenklichkeit und ökologische Reinheit der Produkte werden zu Qualitätskriterien für besonderen Essensgenuss (siehe die Alpenlachse). Lecker ist das, was gesund und in seiner Herkunft hundertprozentig nachvollziehbar ist.
- Authentizität und Reinheit kombinieren die genießenden LOHAS mit den Errungenschaften der modernen Massenkultur: Cool Convenience, hochwertige Fertigprodukte und Fast Good zeigen, dass Bio in der Jetztzeit angekommen ist.
- Regionale Produkte stehen vor einem weiteren Boom. Und zwar nicht nur auf den Wochenmärkten, sondern auch im Lebensmitteleinzelhandel. Und europäische Regionen machen verstärkt Marketing mit dem Label „regionale Qualität".
- Der neue Gourmet-Luxus besteht nicht mehr im seltenen und teuren Edelprodukt (der Kaviar-Mythos), sondern im Authentischen und Vertrauten: Champagner aus der Region – und deshalb aus Äpfeln gewonnen.

2. Gesundheit und Wellness: Von der Symptom-medizin zur Lifestyle-Gesundheit

Das Interesse an der eigenen Gesundheit ist in den letzten Jahren nicht nur merklich gestiegen, sondern beginnt nach und nach Gesellschaft, Märkte und unterschiedlichste Branchen zu dominieren. Der Lifestyle of Health and Sustainability hinterlässt überall seine Spuren. Ob rauchfreie Restaurants, Hotels mit Ärztezentrum oder Apotheken mit Wellness-Charakter: Die „Gesundheitsgesellschaft" ist allgegenwärtig. Kaum noch ein Produkt, das nicht unter dem Motto „gesund" verkauft wird, 80 Prozent aller Einkäufe erklären sich Konsumenten hierzulande mit dem Argument, dass es der Gesundheit förderlich sei.

Gesundheit ist nicht mehr nur die Abwesenheit von Krankheit, sondern wird für uns zu einem Lebensziel, dem wir uns schrittweise anzunähern versuchen. Begriffe wie Selbstverantwortung, Selbst-kompetenz und Selfness (die Weiterentwicklung von Wellness) rücken dabei immer stärker in den Vordergrund. Wohlbefinden und Lebensenergie sind die Luxusgüter des 21. Jahrhunderts. Ob Tchibo oder Wal-Mart, TUI oder Procter & Gamble, Microsoft oder SAP, alle wollen nur das eine: DEN Zukunftsmarkt erobern – und der heißt Gesundheit. Was sie alle vereint, ist die Einsicht, dass Gesundheit zum Konsumgut und Lifestyle-Produkt geworden ist und daran auch eigentlich nichts Schlimmes ist. Denn das heißt, dass immer mehr Konsumenten ihre Gesundheit proaktiv sicherstellen und gern auch tief in die Tasche greifen, wenn sie als Gegenleistung mehr Lebens-freude und -qualität erhalten. Der Gesundheitsmarkt hat allein in Deutschland ein Umsatzvolumen von 280 Milliarden Euro.

Selfness statt Krankenkasse, Kunde statt Patient: Gesundheit avanciert zum Konsummarkt

Gesundheit, sich gesund fühlen, ist zu einem Lebensziel geworden: 76 Prozent der Deutschen geben an, dass Gesundheit sie glücklich macht. Die Kosten für Gesundheit, die die Deutschen aus der eigenen Tasche zahlen, lagen im Jahr 2000 bei 28 Milliarden Euro.

Im Jahr 2010 werden es sage und schreibe 77 Milliarden sein. Es ist wie bei vielen Trends: Sie entwickeln sich vor unseren Augen, es braucht aber den genauen Blick, um sie zu entdecken und aus dieser Erkenntnis Geschäftsmodelle für die Zukunft zu entwickeln.

Allen voran sieht sich das Gesundheitswesen, speziell Kliniken, Ärzte und Apotheken, zunehmend mit dem Trend konfrontiert, dass Gesundheit zu einem Konsumgut geworden ist, dessen Nachfrage unaufhörlich steigt. Denn Gesundheit bedeutet für die Zielgruppe der LOHAS nicht Krankenkasse und Rezept, sondern Eigenverantwortung und Selbstkompetenz.

- Apotheken der Zukunft erreichen die LOHAS mit Service und Smart Basic: Modelle wie etwa das des kalifornischen Unternehmens Elephant Pharmacy (www.elephantpharmacy.com) zeigen, wie die Patienten nicht nur zu Kunden, sondern zu Gästen werden. Auf 1.300 Quadratmetern sind in der Elephant Pharmacy westliche und fernöstliche Medizin vereint, denn LOHAS geben sich nicht allein mit konventionellen Medikamenten zufrieden. Aus der guten alten Apotheke wird ein stylishes Zentrum für Gesundheit. Die Kunden können außerdem zum Nulltarif Yoga- und Fitnesskurse, Vorträge und Seminare belegen oder in der hauseigenen Buchabteilung stöbern. Ähnlich positioniert sich auch die weltweit erste und einzige Apotheke, die ausschließlich auf Naturkosmetik und alternative Arzneimittel wie Homöopathie und Kräuter spezialisiert ist. The Organic Pharmacy (www.theorganicpharmacy.com) ist zusätzlich zu ihrem e-Shop mit bisher drei Filialen in Großbritannien vertreten.
- Welches Potenzial der Selbstmedikationsmarkt in Deutschland hat, beweist DocMorris, wo es rezeptfreie Arzneimittel bis zu 30 Prozent günstiger gibt als in anderen Apotheken. Die wohl meistdiskutierte Online-Apotheke der Welt hat im Jahr 2006 in Saarbrücken ihre Filiale wiedereröffnen dürfen, Markenpartnerschaften in drei weiteren Städten folgten auf dem Fuß. Fast 300 Apotheker haben bereits Interesse an Lizenzen angemeldet, denn DocMorris (www.docmorris.de) ist ein Wachstumsgarant: 17 Prozent mehr Umsatz (insgesamt 178 Millionen Euro) konnte

die Apotheke für 2006 vermelden und 100.000 neue Kunden (insgesamt 800.000).

Der Unterschied zwischen Wellness und Selfness	
Wellness	**Selfness**
passiv, affirmativ	aktiv, herausfordernd
lässt sich mit Konsum/Produkten assoziieren	ist immer an Menschen/Interaktionen gebunden
erlebnis-orientiert	kompetenz-orientiert
eher körper-zentriert	eher psychologisch-mental
Suche nach Verwöhnung	Suche nach Überwindung von Widerständen
Ziel: Balance, Entspannung	Ziel: Selbstveränderung, Aufbruch
spielt sich überwiegend in der Freizeit ab	betrifft das ganze Leben
„Das tut mir gut"	„Das bringt mich weiter"
Gefahr der „Profanisierung"	Gefahr der Übersteigerung
von Moden geprägt	nur für den Einzelnen individuell zu definieren
Kompensation von Krisen	Entwicklung von Potenzialen

Quelle: Zukunftsinstitut, 2007

Abbildung 15: Wellness und Selfness

- Future Hospital: Mit der steigenden Eigenverantwortung der Bürger verschieben sich auch deren Wünsche an Kranken- und Pflegeeinrichtungen. Zunehmend erwarten sie Gesundheitsdienstleister, die mit Service und Kompetenz überzeugen. Gleichzeitig wächst die Bereitschaft, für gute Leistung zu zahlen. So werden die Ausgaben für den Gesundheitstourismus nach Angaben des Instituts für Freizeitforschung in München von gegenwärtig 2,13 Milliarden Euro bis 2010 auf 3,65 Milliarden Euro ansteigen. Dabei verschwimmen zunehmend die Grenzen zwischen Urlaub und Kur. Hotels mutieren zu Gesundheitszentren (www.menschel.com, www.bollants.de, www.abbakus.net) und Krankenhäuser immer mehr zu Erholungstempeln, die ihre Patienten in Hotels unterbringen. Speziell sogenannte Health-Holidays, die zur generellen Regeneration dienen, und Kurzkuren, bei denen Alltagsleiden wie Übergewicht oder Rückenschmerzen gelindert werden, gehören zu dem aufblühenden Sektor.

LOHAS goutieren Health-Food mit nachhaltigem Mehrwert

Auch die Food- und Gastro-Branche wird zum Umdenken gezwungen. Obesität, die Verfettung der Menschen, ist eines der größten gesundheitlichen Probleme der westlichen Wohlstandsländer (und nicht nur dort). Fettleibigkeit nimmt kontinuierlich zu, und schon im Jahr 2000 hat die Weltgesundheitsorganisation das Übergewicht zu dem weltweit am schnellsten wachsenden Gesundheitsrisiko erklärt. 2040 wird laut Prognosen der WHO die Hälfte aller Erwachsenen in den Industrieländern an Adipositas leiden. Erschreckende Aussichten, die die Konsumenten zu einem bewussteren Umgang mit Ernährung veranlassen und sowohl den Lebensmittelmarkt als auch die Gastronomiebranche nachhaltig prägen.

- Als Sündenbock für den übergewichtigen Nachwuchs wird meist die Süßwarenindustrie an den Pranger gestellt: 70 Prozent der Verbraucher glauben laut einer Umfrage des Online-Meinungsforschungsinstituts Dialego AG, dass die Hersteller von Schoko & Co. zumindest eine Mitschuld am Übergewicht der Kinder trifft. Die skandinavischen Länder Norwegen und Schweden versuchen sich gegen diese Form der Beeinflussung abzusichern und haben entsprechende Fernsehwerbung verboten, die auf Kinder abzielt. Auch in Dänemark, Belgien und Griechenland gibt es Einschränkungen beim Senden von Reklame für Kinder.
- Neben Zucker zählt Fast Food zu den Feindbildern der gesunden Hedonisten. In Großbritannien hat der Gesundheitstrend jüngst zu einschneidenden Konsequenzen für den Werbemarkt geführt: Seit dem 1. Januar 2007 ist im UK TV-Werbung für Junkfood verboten. Auch Sender, die von dort aus den Kontinent versorgen, sind von den neuen Regeln betroffen.
- In Dänemark dürfen Lebensmittel bereits seit zwei Jahren nicht mehr als 2 Prozent Transfette enthalten. Doch da nicht nur dort gesundheitliche Risiken lauern, informiert der skandinavische Staat seit 2001 die Öffentlichkeit über die Hygienezustände in Gastronomie- und Lebensmittelbetrieben sowie Groß- und Ver-

brauchermärkten. Unter http://smiley.fdir.dk können die Dänen ihr Geschäft oder Café selbst kontrollieren. Zusätzlich ist ein Smiley am jeweiligen Betrieb angebracht, der die Konsumenten über die Unbedenklichkeit des Lokals informiert. Mit Wirkung: Konnten sich vor fünf Jahren erst 70 Prozent aller kontrollierten Betriebe mit einem lachenden Smiley schmücken, sind es mittlerweile schon fast 80 Prozent.

- Das kann die Health- und LOHAS-Metropole New York noch toppen: Mit dem jüngsten Verbot gesundheitsbelastender Transfettsäuren in den örtlichen Restaurants, das ab Juli 2007 in Kraft trat, katapultiert sich New York an die Spitze der gesundheitsbewussten Städte. Die Kaffeehauskette Starbucks (www.starbucks.com) erlegte sich den Bann schon vorher freiwillig auf und verkauft nur noch Muffins ohne die herzgefährdenden Stoffe. Auch Lebensmittel müssen künftig im ganzen Land auf ihren Labels den Anteil dieser Fettsäuren ausweisen. Geplant ist des Weiteren, dass Speisekarten zukünftig über den Kaloriengehalt ihrer Gerichte Auskunft geben und den gesundheitsbewussten Bürger darüber aufklären, dass etwa das Tunfisch-Käse-Sandwich stolze 956 Kilokalorien beinhaltet.

Die Gesundheitshedonisten garantieren Umsatz

Nicht nur neue Verbote und staatliche Vorstöße verändern Food-Branche und Gastro-Märkte von morgen. Die neuen Health-Fetischisten fordern aktiv gesundheitsförderliche Genussmittel. Immer besser informiert, verändern sie nachhaltig unseren Genussalltag.

- Ein Segment, das von dem neuen Gesundheitsinteresse der Verbraucher stark profitiert, ist der Markt des Functional Food. Ob Joghurtdrinks für ein besseres Immunsystem (www.actimel.com), Obst-Gemüse-Smoothies, die mit 100 Millilitern 50 Prozent des Tagesbedarfs an Obst und Gemüse decken (www.knorr-vie.de), Cornflakes mit Anti-Aging-Effekt dank zugesetzter Folsäure und Vitaminen B1 bis B12 (www.kellogs.de) oder intelligenzfördernde Margarine wie die Rama Idee (www.rama.de)

– Functional Food wird zum Wachstumsmotor. Laut einer aktuellen Studie der Bank Julius Bär liegt das Marktvolumen bei gegenwärtig 85 Milliarden US-Dollar mit einem geschätzten jährlichen Wachstum von mehr als 10 Prozent. Welches Potenzial und welche Bedeutung dem Functional Food zugeschrieben wird, zeigt ein Beispiel aus den Niederlanden, wo Krankenkassen bereits die Kosten der „Gesundheitslebensmittel" für Patienten übernehmen.

„Haben Sie in den vergangenen zwölf Monaten etwas getan, um Ihre Gesundheit zu verbessern oder abzusichern?" Diese Frage beantworteten 56 Prozent der befragten Deutschen damit, regelmäßig Vitamine und Mineralstoffe zu sich zu nehmen (Europadurchschnitt: 42 Prozent). Auch versuchen 8 Prozent mehr Deutsche als die europäischen Nachbarn (45 Prozent) ihr Gewicht zu reduzieren. Immerhin haben auch 15 Prozent der Befragten das Rauchen aufgegeben und 39 Prozent ihre sportlichen Aktivitäten erhöht (Quelle: Readers Digest Europe Health 2006).

Neben steigenden privaten Ausgaben für Ärzte, Arzneimittel und sonstige medizinische Versorgung boomt der Fitness- und Wellness-Markt. Yoga, Pilates oder Qi Gong können als klassische LOHAS-Gesundheitsvorbeugung gesehen werden, gelten sie doch als prädestinierte Methoden, die Work-Life-Balance in Einklang zu bringen. Immer mehr durchgestylte Yoga-Zentren sprießen aus dem Boden, die – fernab von ideologischen Wurzeln – Seele und Körper ausbalancieren helfen (www.businessyogainstitut.de). Die Beschäftigung mit dem Selbst, die Fragen nach Sinn und Lebensinhalt sind zentrale Themen der LOHAS. Für diese Klientel ist physische und psychische Gesundheit unabdingbar. Sie verlangen nach flexibler, kompetenter und schneller Beratung (www.philosophischepraxis.de).

Konsummarkt Gesundheit: Schon heute umfasst der Gesundheitsmarkt rund 280 Mrd. EUR im Jahr

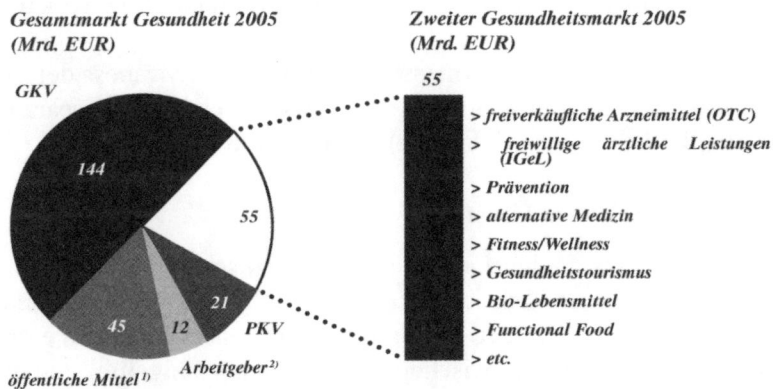

Gesamtmarkt Gesundheit 2005 (Mrd. EUR)

GKV
144
55
45 12 PKV
21
öffentliche Mittel[1] Arbeitgeber[2]

Zweiter Gesundheitsmarkt 2005 (Mrd. EUR)

55
> freiverkäufliche Arzneimittel (OTC)
> freiwillige ärztliche Leistungen (IGeL)
> Prävention
> alternative Medizin
> Fitness/Wellness
> Gesundheitstourismus
> Bio-Lebensmittel
> Functional Food
> etc.

[1] Zuschüsse aus anderen Versicherungssystemen (Rente, Arbeit) und öffentlichen Haushalten
[2] Lohnfortzahlung bei Krankheitsfall

Quelle: Statistisches Bundesamt, Roland Berger

Abbildung 16: Marktvolumen Gesundheitsmarkt

Die neuen Health- and Beauty-Salons

Parfümgeschwängerte Glitzerbuden haben mittelfristig ausgedient. Ständig dem Verdacht ausgesetzt, allergieauslösende, krebserregende oder an Tieren getestete Stoffe zu enthalten, geht das Zeitalter der chemischen Kosmetik langsam zu Ende. Stattdessen florieren künftig die Märkte der gesunden Schönheitspflege, die mit Naturprodukten und Wohlfühlprogrammen dem neuen Greenstyle entsprechen.

- Der erste Weleda-Store (www.weleda.de) hat Mitte 2006 in Paris eröffnet. Zwischen YSL und Lancôme hat der 300 Quadratmeter große Flagship-Store „L'Espace" eröffnet, der von Stardesignern und -architekten entworfen wurde.
- Anfang Dezember ist die Börlind GmbH mit einem Store in Mailand nachgezogen (www.boerlind.com). Hier können die Mai-

länderInnen im Szeneviertel entlang des Corso Como nicht nur Produkte von Annemarie Börlind, Tautropfen und Dado Sens kaufen, sondern sich außerdem im Spa des Untergeschosses verwöhnen lassen. Weitere Shops in Paris, London, New York und Tokio sind geplant.

- Erstmals ging die Fachmesse Vivaness (www.vivaness.de) für Naturkosmetik und Wellness vom 15. bis 18. Februar 2007 parallel zur „Biofach" (www.biofach.de) an den Start.

Naturkosmetik wird Lifestyle

Von den 14- bis 64-jährigen Frauen in Deutschland glauben nur 9 Prozent, dass es sich bei Wellness um eine vorübergehende Modeerscheinung handelt. Knapp jede Zweite sieht hingegen einen engen Zusammenhang zwischen dem eigenen Wohlgefühl und der Verwendung ausgesuchter Kosmetika, ergab die *Brigitte*-Kommunikationsanalyse 2006. Und genau diese Zielgruppe haben die Hersteller neuartiger Lifestyle-Gesundheitsprodukte im Visier:

- Vorreiter im Markt der stylischen Naturkosmetik war der Body Shop. Bereits 1976 gründete Anita Roddick im englischen Brighton The Body Shop (www.thebodyshop.de) und war mit Kosmetik und Körperpflege, die auf Tierversuche verzichtete und sich fairen Handel und die Menschenrechte auf die Firmenflagge geschrieben hatte, eine Pionierin im grünen, nachhaltigen Kosmetikmarkt. Die Verantwortung der Unternehmen, die Ressourcen der Welt zu schonen, ist ein weiteres Anliegen. Weltweit gibt es in 54 Ländern mehr als 2.000 Shops, die im Jahr 2005 einen Umsatz von 606 Millionen Euro erwirtschafteten. Am 17. März 2006 wurde The Body Shop für 652 Millionen Pfund an den weltweit größten Kosmetikhersteller L'Oréal verkauft. Dies war eine kontroverse Entscheidung wegen der unterschiedlichen Haltungen dieser beiden Firmen zu Tierversuchen. KundInnen, Umwelt- und Tierschutzorganisationen wie Naturewatch und PETA liefen Sturm gegen die Liaison, können aber nur hoffen, dass der Kosmetik-Multi den Verzicht auf Tierversuche übernimmt. Im

Herbst 2006 hat The Body Shop mit The Body Shop At Home das in den USA und Kanada erfolgreich getestete Direktvertriebsmodell nach Europa übertragen. Neben dem stationären Geschäft werden die Produkte von The Body Shop seitdem auch in Deutschland im Direktvertrieb im Stil der legendären Tupper-Partys verkauft. Immerhin: Seit dem 19. April 2007 ist The Body Shop At Home Mitglied im Bundesverband Direktvertrieb Deutschland e.V. und hat damit die Verhaltensstandards des Verbandes für einen fairen Direktvertrieb anerkannt.

- Auf natürliche, altbekannte kosmetisch wirksame Naturprodukte besinnt sich Jo Wood Organics (www.jowoodorganics.com). Das Öl der Zeder wurde bislang hauptsächlich als Mottenschutz zum Einsatz gebracht. Dass sich dieser ätherische Inhaltsstoff auch als Anti-Aging-Produkt mit jahrhundertealter Tradition vermarkten lässt, zeigt Jo Wood Organics: Usiku Bath Oil enthält edelstes marokkanisches Zedernholzöl und gilt als flüssiges Gold. Angemessen scheint da der Preis von rund 140 Euro pro Flasche. Eine stürmische Renaissance erlebt auch das Arganöl als Gourmetöl, zur Nahrungsergänzung – da reich an Vitamin E und ungesättigten Fettsäuren – sowie als Anti-Aging-Produkt. Die Exklusivität wird verstärkt durch den Mangel, denn der Arganbaum ist einer der ältesten Bäume der Welt und wächst nur noch in einem Biosphärenreservat im südwestlichen Marokko.

- Auch der Heilerde werden eine Reihe gesundheitsfördernder Eigenschaften nachgesagt. Der Clay Bath Syrup (clay: engl. Ton, Heilerde) macht die Anwendung zum Vergnügen. Dafür sorgt schon allein die Verpackung dieses britischen Lifestyle-Kosmetikprodukts, das unter der Cosmed-Line Extension des Modelabels Nougat vertrieben wird (www.nougatbodytohome.co.uk).

„What is the use of a house if you don't have a tolerable planet to put it on?" – „Was nützt ein Haus, wenn du keinen anständigen Planeten hast, auf dem du es bauen kannst?" Henry David Thoreau in seinem Werk *Walden. Oder das Leben in den Wäldern*

Medical Wellness wird zum Schlagwort der Tourismusbranche

Kein Wunder! Kann sich doch laut der aktuellen 23. Deutschen Tourismusanalyse des BAT Freizeit Forschungsinstituts fast jeder zweite Deutsche einen Urlaub mit präventiv-regenerativem Charakter vorstellen. Während sich die Branche erst jüngst auf eine allgemein gültige Definition einigte, ist der Markt bereits heiß umkämpft:

> „Medical Wellness beinhaltet gesundheitswissenschaftlich begleitete Maßnahmen zur nachhaltigen Verbesserung der Lebensqualität und des subjektiven Gesundheitsempfindens durch eigenverantwortliche Prävention und Gesundheitsförderung sowie der Motivation zu einem gesundheitsbewussten Lebensstil."

- Als eine der ersten Hotelketten in Deutschland plant die Gruppe Maritim (www.maritim.de) gerade ein 3-Sterne-Plus-Patientenhotel auf dem Universitätsgelände Lübeck. Das Patientenhotel soll nach Fertigstellung außer 120 Zimmern eine Rezeption, ein Restaurant, eine Bar und Tagungsräume vorweisen können.
- Medical Wellness für den Nachwuchs bietet seit Neuestem das 5-Sterne-Spa&Wellness-Resort Romantischer Winkel in Bad Sachsa (www.romantischer-winkel.de) an. Das Wellness-Gesundheitsangebot für Kids behandelt vor allem Haltungsschäden bei Kinder und Jugendlichen und integriert sich in den Familienurlaub. Zwei Mediziner, darunter ein Osteopath, sowie ein Physiotherapeut betreuen die jungen Gäste während ihres Medical-Kids-Checks.
- Immer größerer Nachfrage erfreut sich auch der Urlaub auf Krankenschein: Während TUI (www.tui.com) bereits seit 2006 im Vital-Katalog erste von den Krankenkassen geförderte Gesundheitsreisen präsentierte und mittlerweile 50 Angebote hat, setzen heute auch Ameropa (www.ameropa.de) oder FTI (www.fti.de) auf das Zauberwort Medical Wellness und bieten etwa Kurzreisen für 130 Euro an, die zu mehr als der Hälfte bezuschusst werden können.

Der Megatrend Gesundheit beeinflusst die Konsummärkte

Die Gesundheitswelt der LOHAS wird von einer zentralen Sehnsucht angetrieben: mehr Lebensqualität, mehr Balance. Sie verbringen mehr Zeit mit der Sicherstellung von Gesundheit, sie konsumieren Gesundheit intensiv. Andererseits zahlen sie gern etwas mehr, wenn sie erkennen, dass man Rücksicht auf ihre individuellen Bedürfnisse nimmt. Insofern werden wir in den nächsten Jahren einen Schub an Service- und Unterstützungsdienstleistungen erleben. Der Zahnarzt, der seine Patienten nach Feierabend betreut, ist ein Beispiel dafür. Ein anderes ist der virtuelle Lauftrainer, der mir per E-Mail Trainingspläne zuschickt und mich fit hält. Die neuen Gesundheitsmärkte können sich auf folgenden LOHAS-Grundsatz stützen: Schmerzen, Symptome und chronische Krankheiten kommen erst gar nicht zustande, wenn man sich permanent um die eigene Life-Work-Balance bemüht.

Das Concept-Krankenhaus von morgen

Umfassende Zukunftsszenarien für das Krankenhaus der Zukunft entwickelt der Brainpool „ConceptHospital", dem rund 60 Experten aus Wissenschaft und Praxis angehören. Was in anderen Branchen ganze Entwicklungsabteilungen übernehmen, will der Berliner Arzt Markus Müschenich mit ConceptHospital leisten, das er 2001 zusammen mit Kollegen gründete. Analog den ConceptCars der Automobilbranche entwickeln die Experten des Thinktanks neue Ideen für Krankenhäuser, unbeeindruckt von finanziellen und technischen Barrieren. Müschenich geht davon aus, dass von rund 100 Ideen am Ende 5 oder 10 in der Praxis ankommen. Zentrales Element künftiger Gesundheitsdienstleistungen ist für Müschenich das „Personal Data Depot", eine Art Lebensgesundheitsakte. Über einen On-Health-Assistenten wird permanent eine Verbindung zum portablen PC der Verbraucher hergestellt, der rund um die Uhr gesundheitsrelevante Empfehlungen generiert. Erkrankungen werden online diagnostiziert, der Inhalt des Einkaufswagens wird mit

den persönlichen Cholesterinwerten abgeglichen, und beim Auto-
kauf geben die Daten des letzten Wirbelsäulen-Checks Hinweise auf
die beste Sitzform. Im Gesundheitssystem der Zukunft sind Krankenhäuser nur noch Kristallisationskerne eines dezentralen Gesund-
heitsparks, umgeben von Satelliten wie mobilen Pflegediensten,
Physiotherapiepraxen, medizinischen Versorgungszentren, Patien-
tenhotels sowie Wellness- und Fitnessanlagen.

Wellness-Zahnärzte locken mit High Service Selbstzahler an

In Berlin wurde die Praxis KU 64 (www.ku64.de) von einem
Stararchitekten für 1,5 Millionen Euro entwickelt; sie soll innerhalb
von fünf Jahren kostendeckend arbeiten. Die Idee dahinter: Kunden
sollen stärker zu Selbstzahlungen bewogen werden. Aber nach wie
vor müssen die Ärzte eine Grundversorgung für den Jedermann-
Patienten nachweisen. Die Praxis hat enormen Zulauf. Was sie so
beliebt macht? Eigentlich das Übliche: hübsche Räume, DVDs, viel
Personal, aber auch Öffnungszeiten selbst für Gestresste (also nach
20 Uhr). In Düsseldorf ist eine zahnärztliche Kleinkette mit ähnlich
großem Erfolg unterwegs. Oral Venture (www.oral-venture.com)
heißt das Unternehmen. Hier können Vielarbeiter bis 24 Uhr
kommen. Selbstzahler fühlen sich offenbar von den langen Öffnungszeiten angesprochen: 80 Prozent der Kunden gehören dazu,
normale Praxen kommen durchschnittlich auf 40 Prozent Selbstzahler. Verwaltung und Marketing sind bei Oral Venture ausgelagert,
die Ärzte kümmern sich nur um die Kundenpatienten. Wer als Arzt
einsteigen will, muss 350.000 Euro berappen, die Gesellschaft hilft
mit einem Darlehen in Höhe von 250.000 Euro, das innerhalb von
15 Jahren zurückgezahlt werden muss.

Wenn sich ein Unternehmen „Die plus Zahnärzte" (www.dieplus-
zahnaerzte.com) nennt, deutet das schon an, dass Zahnschmerzge-
plagte hier mehr bekommen als anderswo: Die Düsseldorfer verstehen
sich als Dienstleister am Patienten. Bisher haben sich Anbieter auf
dem Gesundheitssektor kaum als Dienstleister verstanden. Die plus
Zahnärzte setzen neue Maßstäbe und verdeutlichen den einsetzenden
Paradigmenwechsel: Sie nehmen sich Zeit, Patientenwünsche durch-

zusprechen und für ihre Kunden die optimale Behandlungsvariante zu finden. Während moderne Inneneinrichtungen, sanfte Betäubung und entspannende Musik bei der Behandlung bereits zum Pflichtprogramm moderner Zahnarztpraxen gehören, geht die Gemeinschaftspraxis noch einen entscheidenden Schritt weiter: Mit einem Servicekonzept, das sich konsequent am prosperierenden Gesundheitsmarkt ausrichtet, sind Die plus Zahnärzte quasi „first mover in the market". Mit Öffnungszeiten bis 24 Uhr sowie samstags, sonntags und an Feiertagen offeriert das Unternehmen Die plus Zahnärzte gleich an mehreren Standorten in der Stadt, sogar mit einer Praxis am Flughafen, im Dreischichtsystem ein absolut serviceorientiertes Behandlungskonzept. Obwohl die Berufsordnung für Zahnärzte klar festlegt, dass sich die Öffnungszeiten der Praxen an den Bedürfnissen der Patienten orientieren können, sind lange Öffnungszeiten noch immer eine Ausnahme. Dass es für Behandlungen spät am Abend oder am Wochenende in größeren Städten einen Bedarf gibt, war den Gründern der Praxisgemeinschaft von Anfang an klar – und die Nachfrage steigt seit Jahren. Es sind aber inzwischen längst nicht mehr nur „Workaholics", die aufgrund beruflicher Anforderungen auf das Angebot der mittlerweile als Marke etablierten Zahnarztpraxen zurückkommen. Immer mehr Menschen wollen auch einfach angesichts der schwierigen Beschäftigungssituation nicht während der Arbeitszeit wegbleiben. Andere wiederum schätzen die abendliche Ruhe in den Praxisräumen.

Der innovative Servicegedanke, der Die plus Zahnärzte auszeichnet, findet sich jedoch nicht nur in den Öffnungszeiten wieder. Dank eines Expertennetzwerks von über 20 Dentisten gibt es für jede medizinische Indikation den richtigen Zahnarzt. Darüber hinaus gewährleisten kontinuierlich geschulte Anästhesisten, Zahntechniker und Praxismitarbeiter permanent hohe Kompetenz und Qualität bei gleichzeitig starker Kundenorientierung. Dass sich die Mehrarbeit rentiert, belegt eine ständig wachsende Patientenkartei von aktuell über 34.000 Personen. Zur Erhöhung der Kundenbindung veranstalten Die plus Zahnärzte regelmäßig eine große Patientenparty, zu der im letzten Jahr 1.700 Gäste kamen.

Living Pharmacy: Wie aus Kunden Gäste werden

DocMorris, die niederländische Internetapotheke, die im Juli 2006 mit ihrer stationären Apotheke in Saarbrücken an den Start gegangen ist, hat die Provokation schlechthin geliefert. Seitdem steht fest: Die Apothekenlandschaft steht unmittelbar vor einer einschneidenden Veränderung. Zum Wohle der immer besser informierten Kunden. Doch wie sehen die Apotheken der Zukunft wirklich aus? Für die Apotheker der Zukunft wird es eine Conditio sine qua non sein, eine aufgeklärte und gesundheitsbewusste Wohlfühl-Klientel bei der Stange zu halten. Gesundheit wird zum angesagten Accessoire. Eine qualifizierte Beratungscrew von kompetenten Shop-Assistants, Gesundheitsexperten jedweder philosophischer Couleur und Kosmetikerinnen bildet daher den Kern der Lifestyle-Apotheke.

Die Zukunft der Präsenzapotheke steht und fällt mit der Ausweitung des Serviceangebotes. Wirklich neue Dienstleistungskonzepte werden künftig über Blutdruck- und Zuckerspiegelmessung hinausgehen müssen. Erste Ansätze wie die 24-Stunden-Telefon-Hotline des Pharmazeutennetzwerks Pharma (www.pharm.de) müssen sich beweisen, marschieren aber in die richtige Richtung. Die Zukunft liegt definitiv im individualisierten und dienstleistungsorientierten Gesundheitsmanagement. High-Touch-Pharmazie heißt das Zauberwort in der Begrifflichkeit der Greenomics, Gesundheit als Wohlfühlerlebnis. Darauf setzt auch die österreichische Apotheke Zum Löwen von Aspern (www.apo-aspern.at). Lichte Architektur mit Atriumhöfen, die auch Einblicke ins Labor gewähren; einem Heilkräutergarten auf dem Dach, in dem Spezialführungen stattfinden; ein Kulturprogramm mit Lesungen, dem Club der kleinen Löwen für kleine Besucher im Seminarraum der Apotheke und einer attraktiven Homepage, auf dem der Kunde neben einem Onlineratgeber viele interessante Serviceangebote findet – das innovative und attraktive Angebot ist bisher einmalig.

Auf opulenten 1.300 Quadratmetern vereint die Elephant Pharmacy (www.elephantpharm.com) westliche und fernöstliche Medizin – eines der Key Assets für das entscheidende Mehr an Vertrauen vonseiten der Kunden. Die aktiven Gesundheitssucher von morgen wollen auf die Option „Schulmedizin" keinesfalls verzichten. Gleichzeitig suchen sie aber die Balance von Körper, Geist und Seele. Der Mix macht's. Für die Macher der Elephant Pharmacy ist außerdem klar: Gesundheit wird immer mehr zum persönlichen Lebensstilelement. Und das heißt: Im Zuge des Bedürfniswandels wird aus der guten alten Apotheke ein stylischer Gesundheitstempel. Dementsprechend können die Kunden im Berkeleys One-Stop-Wellness Store Yoga- und Fitnesskurse belegen, Vorträge und Seminare rund um die Thematik Medizin & Gesundheit besuchen oder in der hauseigenen Buchabteilung stöbern – alles zum Nulltarif.

Doch nicht nur High-Touch-Philosophie und ein intensiver Beratungsansatz weisen den Weg in die Zukunft. Auch mit den Mitteln innovativer Technologien tun sich neue Wege auf, weg vom Pillendreher hin zum Health-Provider. Lange Wartezeiten, überfordertes Personal und fehlende Kundenorientierung nerven. Auch in der Apotheke. Hier setzt das Konzept des US-amerikanischen Unternehmens PrairieStone (www.prairiestonerx.com) an. Das Erfolgskonzept basiert auf fünf Pfeilern, die sich summa summarum hinter folgenden Stichworten verbergen: ein Mehr an Automatisierung und Kundenorientierung (das ist kein Widerspruch!), ein Mehr an Vertrauen, Deep-Support, ganzheitliche Beratung und schließlich konsequentes Lean-Management.

Online-Coach statt Sportverein

Persönliches Lauf-, Fitness- und Diät-Coaching bietet der ehemalige Top-Athlet Jens Karraß (www.jkrunning.de) an. Über seine Fitness-Seite können sich Interessierte individuell abgestimmte Fitness- und Trainingspläne erstellen lassen. Die Kunden können jederzeit via Internet oder Telefon mit dem Trainer kommunizieren, die Pläne werden von Woche zu Woche nach persönlichen Präferenzen abgestimmt. Auch über das Internetportal XXL Well (www.well-fitt-xxl.de) erhalten sage und schreibe 180.000 registrierte Nutzer automatisch erstellte Tipps für einen gesünderen Lebenswandel – egal ob für eine bessere Ernährung, persönliches Fitnesstraining oder Raucherentwöhnung. Das Portal stützt sich bei seinen Dienstleistungen auf eine Datenbank mit 13.000 Rezepten und mehr als 350 Fitness- und 100 Entspannungsübungen, die als Videosequenz abgerufen werden können. Protokollieren die User Training, Ernährung und Gewicht, bekommen sie per E-Mail Rückmeldung.

Der Handel wird zum Gesundheitshandel

Dass Tchibo (www.tchibo.de) nur noch nebenbei Kaffee verkauft, wissen wir seit Langem. Nun kommt zu dem Non-Food-Sortiment auch ein Apothekenservice. Die weltweit größte Versandapotheke, Sanicare (www.sanicare.de), hat mit Tchibo eine Kooperation geschlossen. In 1.000 Filialen wird sie bereits beworben, auf der Tchibo-Homepage gibt es einen direkten Link zu Sanicare.

Der Drogeriemarkt Schlecker (www.schlecker.com) hatte Ende April in der Aachener Regionalzeitung eine Jobanzeige für eine Apothekerstelle geschaltet: „für den Aufbau einer neuen europäischen Vertriebsstruktur". Wal-Mart USA (www.walmart.com) will in den nächsten zwei bis drei Jahren in Kooperation mit lokalen Krankenhäusern rund 400 Ambulanzen in seinen Filialen eröffnen. In den kommenden fünf bis sieben Jahren sollen 1.600 weitere folgen. Ähnliche Pläne verfolgen laut Lebensmittelzeitung CVS/ Caremark und Walgreen.

Das Wartezimmer als Point of Sale: Gesundheits-Consulting aus einer Hand

Während in Deutschland der Krieg zwischen Apothekern und DocMorris tobt, ist Österreich bereits einen Schritt weiter und etabliert nach und nach den Verkauf von Medikamenten und OTC-Produkten im Wartezimmer. Die Marketingagentur Medical Marketing ist hier einer der Pioniere, die das Geschäft mit nicht rezeptpflichtigen Arzneimitteln in die Arztpraxen bringen. Der Medicus-Shop hat viele Vorteile: Die Praxen machen zusätzliche Gewinne, die Patienten sparen Zeit und erhalten die Produkte ihres Vertrauens. Die in der Praxis verkauften Medikamente können mit dem Namen des behandelnden Arztes bedruckt werden, was auf die „Marke" der Praxis zurückwirkt.

Urlaub auf Kassenkosten

„Reisen in ein gesundes Leben mit bis zu 200 Euro Zuschuss Ihrer Krankenkasse", so preist der Reiseveranstalter Dr. Holiday (www.dr-holiday.de) seine „Präventionsreisen" an. Versicherte mehrerer Krankenkassen (u.a. Techniker Krankenkasse und Gmünder Ersatzkasse) konnten auf den Discount zugreifen und Urlaub auf Krankenschein machen. Andere Krankenversicherungen liefen dagegen Sturm – wie kann Urlaub eine versicherungsrelevante Leistung sein! Tatsache ist: Auch DocMorris war bis vor Kurzem nicht vorstellbar. Mittlerweile empfehlen die Krankenkassen DocMorris und andere Internetapotheken. Die Gesundheitswirtschaft wandelt sich schneller als angenommen. Wo Gesundheit nicht mehr nur Symptombekämpfung ist, treten neue Player auf den Markt und zapfen die traditionellen Subventiontöpfe an.

Medical Wellness verändert die Heilbad-Kultur

Gesunden und Genießen heißt die Devise, die immer mehr Hotels veranlasst, Ärzte einzustellen, und Kliniken dazu zwingt, Patienten als Erholungsgäste zu empfangen. Staatlich finanzierte Kurorte sind längst keine Selbstverständlichkeit mehr. Als Folge davon kämpfen die althergebrachten Erholungsorte verstärkt um Patienten. Nach wie vor sind Heilbäder und Kurorte eine wichtige Säule des deutschen Binnentourismus – mit fast 20 Prozent der Gästeankünfte und über 30 Prozent der Übernachtungen 2004, wie das Statistische Bundesamt errechnet hat. Wenn auch unter neuen Voraussetzungen: Insgesamt wurden 2004 17 Millionen Gäste gezählt, von denen 12,5 Millionen (also knapp 75 Prozent) Gesundheitsurlauber waren, sprich selbst zahlende oder nur geringfügig durch soziale Systeme geförderte Kurgäste.

Doch auch die Reiseveranstalter haben den Gesundheitstourismus als attraktives Neugeschäft entdeckt. In Berlin forciert bereits die Berlin Tourismus Marketing GmbH (www.btm.de) die Zusammenarbeit zwischen Hotels und Kliniken. Ziel sind Betreuungspakete, die Hotel und Klinik beinhalten. Zudem hat sich in der deutschen Hauptstadt die Initiative Call a doc gegründet, die sich um Touristen,

Diplomaten und Geschäftsreisende kümmert, die ungeplant schneller medizinischer Hilfe bedürfen. Ein mehrsprachig besetztes Callcenter vermittelt rund um die Uhr geeignete Fachärzte. Der ausländische Patient kann diesen Service kostenfrei nutzen. Dahinter steckt ein Netzwerk aus 60 Berliner Ärzten und Kliniken.

Nordhessen will sich gleich als komplette Gesundheitsregion (www.nordhessen.de, www.g-n-n.de) positionieren. Bereits 18 Kliniken, Gesundheitsdienstleister und Hotels kooperieren und werben mit „Nordhessen, Ihre Gesundheitsregion". Konkrete Projekte zum Gesundheitsstandort mit zahlreichen Medical-Wellness-Angeboten sind: die Kasseler Gesundheitstage, die GesundTour Nordhessen als zukünftiges Angebot an die Gesundheitsregion Nordhessen, das Gesundheitsportal Nordhessen (Internet), der Gesundheitsatlas Nordhessen (Print) und die Gesundheitsgespräche Nordhessen.

Weitere Beispiele:

• Das Ascara Health & Beauty Center (www.ascara-falkenstein.de) liegt direkt gegenüber dem mondänen Kempinski Hotel Falkenstein, das in Ausstattung, Service und Gastronomie keine Wünsche offenlässt. Verschiedene Packages können gebucht werden, etwa ein „Risk & Health Check", der neben Anamnese und Lifestyle-Anamnese, Ganzkörperuntersuchung, EKG, Fitness-Test und zahlreichen anderen Checks wie Laboruntersuchungen auch zwei Übernachtungen, ein 3-Gänge-Menü und die Nutzung des Wellness-Bereiches des Hotels Kempinski beinhaltet. So kann nach den Untersuchungen bei einem Glas Champagner der Blick auf die Frankfurter Skyline genossen werden.

• Das Medical-Wellness-Zentrum der Klinik am Haussee (www.klinik-am-haussee.de) inmitten der Seenlandschaft Mecklenburg-Vorpommerns verbindet Prävention und Entspannung. Zeit für Körper und Psyche sollen die Gäste in dem Erholungsort finden, die zwischen Wohlfühl- und Entspannungsangeboten – Massagen, Fango- und Moorpackungen oder auch Aquagymnastik – sowie umfassender medizinischer Vorsorge wählen können. In Form von Kurzkuren werden Alltagsleiden wie mangelnde Fitness oder leichtes Übergewicht behandelt, aber auch präventiv Herz-Kreislauf- oder Diabetes-Erkrankungen.

- BollAnt's im Park (www.bollants.de) im beschaulichen Bad Sobernheim vermarktet sich als Romantikhotel mit Vital Spa und Medical-Wellness-Angebot. Für die Gäste bedeutet das auf der einen Seite Schlemmen im Sternerestaurant „Passione Rossa", gleichzeitig aber auch die Möglichkeit, sich bei Indikationen wie rheumatischen, gynäkologischen, Herz-Kreislauf- oder Stoffwechselerkrankungen sowie bei Erkrankungen des Skelettsystems, des Verdauungstraktes, der Atmungsorgane, bei Allergien, allgemeiner Leistungsschwäche oder auch zur Rekonvaleszenz behandeln zu lassen. Der Schwerpunkt liegt auf Naturheilverfahren, die ergänzend zur Schulmedizin verstanden werden. „Zurück zur Natur" heißt das Motto der im Mittelpunkt stehenden Felke-Therapie, basierend auf den Elementen Licht, Luft, Wasser und Erde.

- Im Prinzip wären ausgefallene Architektur, stylishes Design, puristisches Lifestyle-Ambiente und herrliche Landschaft Grund genug, um ein paar Tage im Lanserhof (www.lanserhof.at) abzusteigen – doch das Gesundheitsmedizin- und Therapiezentrum in der Nähe von Innsbruck bietet dem Erholungssuchenden weit mehr als „einfache" Entspannung und Urlaub. Das Hotel ist an den speziellen Bedürfnissen seiner Gäste orientiert: Die Gesundheit des Menschen wird als Ganzes gesehen, weswegen nicht nur einzelne Symptome behandelt, sondern Körper, Geist und Seele gleichermaßen verwöhnt und stimuliert werden. Ob Prävention oder Regeneration, Entschlackung oder Fitness, klassische oder naturheilkundliche Medizin – das Programm ist so vielfältig wie die Wünsche der Gäste. Gemeinsam wird ein Ziel erarbeitet, das bereits zwei Wochen im Vorfeld von den Gästen verfolgt werden muss. Ein anschließend mindestens dreiwöchiger Aufenthalt im Lanserhof folgt. Ein Team aus Ärzten, Therapeuten und Spezialisten steht dabei dem gesundheitsorientierten Urlauber mit individuellen Ratschlägen zur Seite, damit er auch nach den Ferien so gesund wie möglich zu leben imstande ist.

Kein Touristikveranstalter, kein Ferienort oder Hotel kann sich dem Thema Gesundheit auf Reisen heute noch entziehen. In der Greenomics ist Gesundheit ein hoch geschätztes Luxus- und Konsumgut. Gesundheit ist in der LOHAS-Welt ein entscheidender Faktor beim täglichen Einkauf ebenso wie bei der Gestaltung des Urlaubs und der Freizeit. Ob Kurzkur oder Langzeitferien: Urlauber wünschen sich in erster Linie Angebote, die sich positiv auf ihre Work-Life-Balance und damit auf ihre Gesundheit auswirken. Von dem neuen Health-Empowerment werden zukünftig die Reisebranche und insbesondere die Kurorte profitieren, wenn sie es schaffen, die Grenze zwischen krank und gesund neu zu definieren und die Kluft zwischen Patient und Gast aufzuheben.

Trendbriefing: Was Sie beachten sollten ...

Die Schlüsselmerkmale des zukünftigen Gesundheitsmarktes:

- Gesundheit wird Lifestyle und Konsumartikel. Nicht nur wegen der leeren Gesundheitskassen investieren die Menschen immer mehr Geld und Zeit in ihre Gesundheit. Gesundheit wird zu dem Lebensqualitätsmerkmal schlechthin.
- Aus Patienten werden Kundenpatienten, und das heißt: Gesundheitsvorsorge wird von den Kundenpatienten proaktiv selbst in die Hand genommen. Was die Kundenpatienten dabei verlangen: auf Augenhöhe mit dem Arzt sein, der Arzt wird Gesundheits-Consultant. Gleiches gilt für den Apotheker der Zukunft
- Gesundheit erobert in den nächsten Jahren eine Vielzahl von Branchen. Gerade der Tourismus wird profitieren, aber auch der Food- und Getränkemarkt ebenso wie Gastronomie und Handel
- Die LOHAS interpretieren Gesundheit neu. Gesundheit ist nicht mehr nur die Abwesenheit von Krankheit, sondern zielt auf ganzheitliches Wohlfühlen ab.

3. Sport und Freizeit: High-Tech und neue Werte revolutionieren die Branche

Das Freizeitverhalten der Menschen gibt mehr als der Blick auf andere Lebensbereiche Auskunft über die wahren Befindlichkeiten und Bedürfnisstrukturen unserer Gesellschaft. Besonders die LOHAS verändern die Freizeitmärkte. Mit dem endgültigen Ende der Fun- und der langsamen Abkehr von der Jammerkultur streben die wertebewussten Erlebniskonsumenten einen Freizeitgenuss mit gutem Gewissen und gutem Zweck an. Dabei bedeutet die Rückbesinnung auf Natur nicht Verzicht auf Ausrüstung und Gadgets. Stattdessen wird die Ausstattung zum „Green Equipment" – und da entsteht gerade ein margenträchtiger Markt. Erlaubt ist alles, was Spaß macht, allerdings so weit wie möglich nachhaltig und ethisch korrekt. Parallel boomt die Rückkehr zu den immobilen Werten: Gemeinsinn, Nachbarschaft, Familie und natürlich Natur – zentrale Themen im Freizeitleben der LOHAS. Auch in der Welt jenseits der Arbeit stellen wir immer häufiger die Frage: Was ist mir wirklich wichtig, welche Werte haben für mich Bedeutung, wie möchte ich in Zukunft leben, was bedeutet für mich Genuss, wie stelle ich ein optimales Wohlbefinden her?

Greenomics kann sich auch darauf verlassen, dass nicht mehr nur Phantasialand und Rummelplatz im Vordergrund stehen, sondern alt-neue Beschäftigungen wie „Gardening", Selbermachen und Wandern hoch im Kurs stehen. Gerade das Basteln und Optimieren von Haus und Garten verspricht überschaubare Identifikationsmöglichkeiten und ganzheitliche Erfahrungen, das, was LOHAS sich unter einem erfüllten Leben vorstellen. Und das Selbermachen als Freizeitbeschäftigung zielt nicht nur auf das Heim. Mit der postindustriellen Renaissance von Do-it-yourself einher geht ein starker Trend zum Handwerklichen allgemein. Die „Weekend Warriors" begründen eine neue Kultur der Erdung und des Unmittelbaren. Wie sehen die neogrünen Freizeitmärkte aus? Die Begegnung mit Natur und das Gefühl des Draußenseins wird in den nächsten Jahren allerdings noch stärker die grüne Ökonomie prägen. Outdoor ist ein globaler Wachstumsmarkt, der dynamisch wächst. Und wie viele Märkte der Greenomics ist in besonderem Maße auch der Outdoor-Markt davon geprägt, dass er von den LOHAS frequentiert und dabei transformiert wird. Denn aus dem ehemaligen Nischenmarkt der Allwetterprodukte wird immer mehr ein modisches Paradigma, das auch Alltags- und Business-Outfits zu dominieren beginnt.

Fun- und Trendsport-Ausrüster profitieren vom Megatrend Neo-Ökologie

Viele Fun- und Trendsport-Ausrüster entwickeln für ihre anspruchsvollen Kunden umweltfreundliche Bekleidung und Equipment und bieten den Sportbegeisterten damit grünes Entertainment auf allen Ebenen. Diese strategische Ausrichtung zu mehr öko-sozialer Verantwortung wird für die Unternehmen zum Wettbewerbsvorteil. Von wegen Hedonisten- und gewissensfreier Lifestyle-Sport! – der Konsument von heute stellt nicht nur hohe Erwartungen an das Preis-Leistungs-Verhältnis, sondern fordert von den Unternehmen auch zunehmend umweltfreundliche Produkte, transparente Herstellungsweisen und soziales Engagement. Umweltaspekte gehören heute genauso zur Konsumidentität wie modernes Design und der Faktor Spaß. Intelligente Firmen haben diesen Trend erkannt und sich entlang des Megatrends Neo-Ökologie am Markt positioniert. Den LOHAS-Anhängern eröffnet sich dadurch ein weites Feld an Outdoor-Aktivitäten und Fun-Sport auf höchstem technologischem UND ökologischem Niveau – wo nun sogar mit gutem Gewissen Vollgas gegeben werden kann. Denn der Megatrend Neo-Ökologie hat seinen glanzvollen Einzug auch im benzinfressenden Motorsport gehalten: Toyota fuhr mit seinem Supra HV-R Hybridwagen beim letzten 24-Stunden-Rennen in Japan einen historischen Sieg ein und setzte sich souverän gegen die herkömmlich betriebenen Fahrzeuge durch. Gerade auch im Sport- und Lifestyle-Bereich wächst der Wunsch nach schicken und szenigen Produkten, die aber mit gutem Gewissen konsumiert werden können.

Der Outdoor-Markt: Green-Business mit zweistelligen Wachstumsraten

Natürlich gehört der Outdoor-Markt und speziell der Markt der Outdoor-Kleidung zu den Kernbranchen der Greenomics. Outdoor-Produkte haben in den vergangenen knapp fünf Jahren vor allem in Deutschland, aber auch in den USA und in Skandinavien einen atemberaubenden Aufschwung erlebt – und das, obwohl uns immer noch die lähmende Langeweile von Sonntagsspaziergängen nachgeht. 1,5 Milliarden Euro werden jährlich auf dem deutschen Outdoor-Markt umgesetzt. Deutschland ist damit in Europa mit Abstand der interessanteste Markt für die Lust an Natur und frischer Luft. Globale Investoren stürzen sich auf kleine Wanderschuh- und Campingunternehmen. Wo früher der Backpacker-Freak mit vielen Fragen, hohen Ansprüchen und wenig Geld in der Tasche die Läden bevölkerte, klopfen heute immer häufiger seriöse Herren mit Zweireiher und Aktenkoffer an und bewerben sich um Firmenanteile. Die neue Lust am Draußensein hat aus der Outdoor-Branche einen modernen Lebensstil gemacht. Die Sehnsucht hinter dem Hype: Wirklichkeitshunger und der Wunsch nach Aktivsein in der Natur. Natur wird uns wieder vertrauter. Ausgerüstet von namhaften und dreistellige Millionenbeträge umsetzenden Händlern und Designern beginnen wir, Natur zu kultivieren und zu genießen. Umgekehrt haben die Outdoor-Branchen schnell begriffen, dass Draußensein angesagt ist. Der Hamburger Ausrüster Globetrotter machte hierzulande den Anfang und etablierte Wanderhosen konsequent als Trendklamotten.

„Du musst nicht ‚grün' aussehen, um ‚grün' zu sein" ist das Design-Motto des nagelneuen amerikanischen Modelabels Nau. Weder aufwendige Logos noch technischer Schnickschnack zeichnen die Kleider von Nau aus, wohl aber umweltfreundliche und recycelte Materialien. Nau pflegt den „Unlook- Look", eine Form des modischen Understatements, die wenig Wert auf Marken und Dresscodes legt. Stattdessen stehen funktionale Aspekte im Vordergrund, die auf eine neue Synthese von Funktonalität, Hippness und Zeitgeist ausgerichtet sind. Für ein Windshirt von Nau („Nau" kommt aus der Sprache der Maori und heißt so viel wie „Willkommen", „Come In") beispielsweise stand die Frage im Vordergrund, was einerseits der Fahrradkurier in der Stadt tragen würde, andererseits trotzdem schick aussieht und bequem ist. Für 2010 peilt Nau 260 Millionen Dollar Umsatz an – 2007 werden es ca. 11 Millionen sein. Bis 2010 soll auch die Zahl der Läden in den USA von aktuell vier auf 150 wachsen.

Gerade hochpreisige Labels wie Haglöfs oder Arcteryx machen aus Outdoor einen Green Style, der sozusagen aus dem Wald kommt und seit einiger Zeit in die Städte und unseren Alltag drängt. Die ehemalige Funktionsbekleidung ist gesellschaftsfähig geworden – sie wird nicht länger nur im Wald getragen, sondern auch in der Stadt, beim Einkaufen, am Wochenende. So kam es dazu, dass aus Herstellern von Campingartikeln die Gurus einer neuen Bequemlichkeit wurden, aus Funktionsklamotten für Extremsituationen wurden schicke Mode-Accessoires. Jack Wolfskin galt noch bis vor Kurzem als Spezialausrüster für Wanderfans und halbprofessionelle Bergsteiger. Doch 2005 setzte Jack Wolfskin europaweit rund 98 Millionen Euro um. Das Unternehmen erzielte nach eigenen Angaben im Jahr 2006 in Deutschland ein Umsatzplus von 40 Prozent. Aktivsein in der Natur funktioniert als Projektionsfläche mittlerweile so gut, dass sich Jack Wolfskin ein jährliches Werbebudget von mehr als 14 Millionen Euro leistet, Fernsehwerbung schaltet und Fußballvereine wie Eintracht Frankfurt und den 1. FC Köln unterstützt. 1993 wurde der Mitbegründer Manfred Hell Firmenchef und eröffnete in Heidelberg das erste eigene Filialgeschäft. Heute, im 25. Jahr des Firmenbestehens, ist Hell eine Art Unternehmer-Popstar und Jack Wolfskin hat 118 Läden in ganz Europa.

Öko-Outdoor-Feeling: Trendsportler entdecken die Natur neu

Immer stärker sind wir an einer eigentätigen, aktiven Wahrnehmung der Wirklichkeit interessiert. Bewegung in der Natur bietet ein selbst gemachtes Kontinuum, ein intensives Gefühl der Dauer und des Selbstgenusses. Durch Bewegung lernen unsere Kinder die Welt – im wahrsten Sinne des Wortes – be-*greifen*. Bewegung erschließt uns die Welt. Indem wir uns in unserer Umwelt fortbewegen, lernen wir die Wirklichkeit Fortbewegung in der Natur und Begegnung mit Natur – darin liegen die wichtigsten Trends für den Sporttourismus der nächsten Jahre. Man kann diesen Trend mit der neu erwachten Lust am Einfachen und Ursprünglichen in Verbindung bringen. Es hat aber auch damit zu tun, dass uns Boom-Sportarten wie Jogging, Wandern, Nordic Walking oder Biking nah an die Natur – und an unsere eigene Natur und Kreatürlichkeit heranbringen. In einer Zeit, in der unser Körper als prekäres Gleichgewicht und Schlüsselressource für die Zukunft in der Hochleistungsgesellschaft immer wichtiger wird, beginnen wir wieder, uns bewusst und aktiv fortzubewegen. Aus einer Studie zur Zeitverwendung der Amerikaner von 1997 geht hervor, dass keine Freizeittätigkeit ein solch intensives Wachstum zu verzeichnen hat wie aktives Sporttreiben. Aber was sportliche Bewegung neben dem offensichtlichen Gesundheitsfaktor vor allem bietet, ist der Genuss der eigenen Motorik und Körperlichkeit. Die Amerikaner benutzen dafür die wunderbar einfache Formulierung „to get in touch with oneself". Herbert Steffny (www.herbertsteffny.de), Marathonläufer, Olympiateilnehmer und Lauf-Coach von Joschka Fischer, gehört zu den Fitness-Gurus, die Laufen und Bewegung in touristischen Formaten anbieten: „Laufwochen auf Zypern", „Wellnesswalking Mallorca" oder „Aktivurlaub in Titisee-Neustadt". Außerdem bietet der Langläufer Firmenseminare an wie „Angst vor dem Herzinfarkt", „Kurz vor dem Burnout", „Ausdauersport als Oase der Entspannung", „Laufen als Entschleunigung". Seine Kunden sind Roland Berger, Hewlett-Packard, Daimler AG, 3M Medica und VW. Steffny ist die prominente Spitze eines Eisbergs – Bewegung in der Natur unter professioneller Anleitung ist mittlerweile ein umsatzträchtiger Markt. Sport, Bewegung und Naturerleben bilden in den nächsten Jahren für den Tourismus eine ideale Synthese. Tatsache ist, dass sich die touristische Spaßgesellschaft auf dem Rückzug befindet, während simple, ja archaische Disziplinen auf dem Vormarsch sind.

Sportgeräte für den Kompost – von subkulturellen Fun-Sportlern zu verantwortungsvollen Umweltschützern

Produkte mit dem Bio-Siegel sind auch in der Outdoor-Branche gefragt wie nie. Umweltschutz war zwar bereits vor 25 Jahren populär, doch die heutige Bio-Avantgarde hat nichts mit den Müslis der 1980er gemein. Selbst Fun-Sportarten, deren Anhänger bislang eher mit hedonistischen Lebensformen in Verbindung gebracht wurden, werden mit dem Green Lifestyle kompatibel. Produkthersteller entdecken darüber hinaus, dass eine Positionierung als „grünes" Unternehmen zum Alleinstellungsmerkmal werden kann – wie bei der kalifornischen Skateboard-Firma Comet Skateboards, die seit Kurzem Öko-Boards auf den Markt bringt. Comet Skateboards (www.cometskateboards.com) verarbeitet nur natürliche Materialien aus nachhaltigem Anbau. Zudem setzt das Unternehmen auf neueste Produktionsweisen und Materialzusammensetzungen. Hierfür kooperiert es seit dem Frühjahr 2007 mit dem US-amerikanischen Green-Tech-Unternehmen e2e Materials (www.e2ematerials.com). Im Zuge dieser Partnerschaft konnte Comet Skateboards im Herbst das erste zu 100 Prozent grüne Skateboard ausliefern. Nach Gebrauch lässt es sich einfach auf dem Kompost entsorgen (bis auf die Rollen und Achsen). Das garantieren Pflanzenfasern wie Bambus, Ananas oder Kokosnuss. Entscheidend dabei: Die biologisch abbaubare Zusammensetzung ist zehnmal stabiler und um 25 Prozent leichter als gängige „Decks". Mittelfristig soll die gesamte Produktpalette aus kompromisslosen Öko-Brettern bestehen. 20.000 Skateboards werden derzeit monatlich weltweit ausgeliefert. Doch damit nicht genug. Comet Skateboards speist für den Betrieb des Maschinenparks selbst produzierten Solarstrom ins hauseigene Stromnetz. Zudem vermeidet man jegliche toxikologischen Bestandteile wie Formaldehyd und setzt auf wasserbasierte Farben. Dass Qualität und Design in einem Lifestyle-getriebenen Geschäftsfeld großgeschrieben werden, versteht sich mittlerweile von selbst. Die Rollbretter sind in allen Farben und Formen erhältlich. Der Skateboard-Hersteller engagiert sich auch in sozialen Projekten. Er ist wichtiger Akteur und Sponsor der Hood Games (www.hoodgames.net), einem Festival, das Jugendliche aus

Problemvierteln fördern und zugleich Umweltbewusstsein in den weniger privilegierten Schichten verankern will. Für die Öffentlichkeitsarbeit nutzt Comet Skateboards hochfrequentierte Öko-Blogs wie treehuggerTV (www.tree-huggertv.com). Das Selbstverständnis des Firmenmitbegründers Jason Salfi bestätigt, wie weit ökosoziale Verantwortung in dem zehn Jahre alten Unternehmen bereits verinnerlicht wurde: „Wir hatten nie vor, das ‚grünste Unternehmen' zu werden, wir wollten nur die besten Boards überhaupt bauen." Ausschließlich aus Holz, Hanffasern und einer natürlichen Beschichtung werden die Surfboards des Eden Projects (www.edenproject.com) gefertigt.

Einen ganz anderen Verwendungszweck für alte Skateboards bietet die New Yorker Designerin Beck(y). Sie lässt abgenutzte Decks in Form von schicken Designertaschen auferstehen. Alle „Sk8bags" sind Unikate, sie werden in Handarbeit individuell angefertigt. Natürlich werden für die Herstellung nur benutzte und gespendete Decks verarbeitet, für die jeweils 3 US-Dollar in die eigens gegründete Stiftung Boards 4 Bowls Program fließen. Mit diesem Geld wird der Bau von neuen Skate-Parks gefördert. Prominente Unterstützung bekommt die Designerin unter anderem von der Tony Hawk Foundation (www.beckycity.com).

Wandern wird Trendsport Nummer eins: Die Ausrüster rüsten auf

In der Nähe zur Natur zu wohnen, ist für die Deutschen genauso wichtig, wie Freunde und Bekannte im Umfeld der Wohnung zu wissen. Das ergab jüngst eine Umfrage des Bundesministeriums für Umwelt, Naturschutz und Reaktorsicherheit. Eine Tatsache, die sich immer wieder sonntags in deutschen Mittelgebirgen bestätigt: Ob jung oder alt, männlich oder weiblich, Banker oder Student – der Wald scheint sie alle magisch anzuziehen. Und selbst das „Leben im Freien" kann mittlerweile mit noch mehr gutem Gewissen genossen werden. Da ist selbst eine vermeintlich spießige Bewegungsart wie Wandern gerade bei jungen Menschen plötzlich en vogue und Öko-Wanderwege haben Hochkonjunktur – und zwar schon seit einer ganzen Weile: Waren es noch 2002 erst 54 Prozent der Deutschen, die häufig oder ab und zu die Wanderschuhe schnürten, waren es laut AWA 2005 bereits 62 Prozent: Tendenz steigend.

Das einzige Hemmnis, das einem touristischen Boom in diesem Bereich lange entgegenstand, war die Tatsache, dass für viele der Sonntagsspaziergang und die Alpenwanderungen mit den Eltern traumatische Spuren hinterlassen hatte. Viele Regionen in Deutschland setzen dem ein neues Verständnis von Wandern entgegen. Der Rothaarsteig (www.rothaarsteig.de) und der Rheinsteig (www.rheinsteig.de) sind die beeindruckendsten Beispiele, wie man aus langweiligen Waldpfaden durch Wellness-Liegen, ansprechende Hotels, Merchandising-Programme und Markenkampagnen moderne touristische Attraktionen macht (www.gesundheitreisen.de). Ob mit oder ohne Stöcke: Walking hat sich zu einer echten Alternative zum Joggen entwickelt, und der neueste Hype heißt Swiss Swing Walking. Dieser auch Smart Walking getauften neuen Wander-Spielart geht ein Fitness-Check voraus, das Wandern selbst findet dann unter ständiger Kontrolle des Pulses statt. Mit einem Brustgurt und einer Pulsuhr am Handgelenk absolvieren die Swing Walker ihre Strecke – möglichst so, dass der Herzschlag im fettverbrennenden, aber gesunden Bereich liegt.

Keine große Überraschung, dass sich auch hier Greenomics-Unternehmen immer häufiger einschalten. Egal, ob Patagonia (www.patagonia.com) oder Mountain Equipment (www.mountainequipment.co.uk) – immer mehr Outdoor-Spezialisten bieten Wandervögeln, Skatern, Boardern und anderen Frischluftfanatikern Funktionskleidung an, die aus recycelten Materialien oder Biobaumwolle hergestellt wurde (www.monkeestyle.com). Freie Bewegung in alle Richtungen – so lautet das Motto des jungen Labels für Kletterbekleidung Monkeestyle. 2003 gründeten die Nachwuchsdesignerin Hett und der Kletterfreak Walde ihre Sportkollektion mit dem sympathischen Affen und dem Engel als Logo und fahren seitdem auf Erfolgskurs. Während der Gorilla für Freude und Perfektion im Klettersport steht, verweist der Engel auf das hohe Maß der öko-sozialen Verantwortung der beiden Geschäftsgründer. Typische Massenproduktionen kommen für Monkeestyle nicht infrage: Die Kleidung wird in transparenter und umweltfreundlicher Herstellung und aus natürlichen Materialen unter garantiert „guten" Arbeitsbedingungen gefertigt. Kleineres Kletterzubehör lässt Monkeestyle von einer deutschen Behindertenwerkstatt innerhalb eines Integrationsprojektes anfertigen. Doch damit noch nicht genug: Auch für das Klettervorbild, den Gorilla, ist gesorgt: Ein Teil der Einnahmen geht an ein Hilfsprojekt für Affen (www.monkeestyle.com). Und auch die diesjährige ISPO hatte für die sportlichen LOHAS was zu bieten: Egal, ob Soja, Bambus, Holz oder Kokos, die Textilindustrie entdeckt die regenerativen Naturstoffe. Der Hersteller Traptek (www.traptek.com) bietet mit Cocona feuchtigkeitsabsorbierende und geruchshemmende Fasern mit UV-Schutz an, die aus Kokosnussschalen gewonnen werden. Bei SeaCell (www.seacell.de) handelt es sich um eine Cellulose-Faser, in die Algen eingearbeitet werden. Dies verleiht den Stoffen, wie das Fresenius Institut in Berlin nachwies, entzündungshemmende und zellerneuernde Eigenschaften. Die Ausrüsterlegende Globetrotter (www.globetrotter.de) versorgt die Weekend Warriors mit Bio-Bananenchips und Öko-Energieriegeln.

Erfolgsrezept: Pimp my Outdoor-Outfit

Welches Potenzial in Solar-Outdoorstuff steckt, belegt die Geschichte des ehemaligen McKinsey-Beraters Shayne McQuade (www.voltaicsystems.com), der 2002 einen Rucksack mit integrierten Solarzellen erfand. Reisende, die unterwegs sind, können damit bequem ihre Elektrogeräte versorgen. Wenige Stunden nachdem McQuade das Produkt auf seinem Weblog vorgestellt hatte, hagelte es bereits Bestellungen. Solar-Ladegeräte sind nicht nur äußerst praktisch, um unterwegs das Handy mit Strom zu versorgen, sondern auch umweltschonende Alternativen zu Batterien. Unter dem Motto „Pimp my Jacket" wird von der Textil- und Elektronikindustrie der Aufbruch in eine neue Ära der „Wearable Technology" verkündet. Im Windschatten des iPod könnte das eine oder andere elektronische Zubehör seinen Weg in die Kleiderschränke der Wintersportler finden. Denn rund um die mobile Jukebox entsteht gerade ein ganzer Markt von textilen Bedienelementen, die zukünftig direkt über die Kleidung gesteuert werden sollen. Allein der Hersteller Burton (www.burton.com) bietet momentan zehn unterschiedliche Jackenmodelle mit eingebauter iPod-Fernbedienung, unsichtbaren Kabelkanälen und Bluetooth-Anschlüssen an. Quicksilver (www.quicksilver.com) stellte seinen völlig übertunten Prototypen einer 40 Gigabyte „schweren" solarbetriebenen Camcorder-Jacke mit Ärmel-Display für den Heavy-YouTube-Producer vor.

Bikes, Boards und Boliden aus ökologischen oder recycelten Materialien

Fahrradfahren, Skaten oder Surfen erwecken bei Außenstehenden zunächst den Eindruck, dass es sich um äußerst umweltfreundliche Betätigungen handelt. Doch ob für Bike oder Board – es werden synthetische Materialien verwendet und oftmals toxische Lacke, ein großes Problem für die LOHAS-Community. Immer mehr Alternativen kommen daher auf den Markt: Ein neues Konzept ist etwa das Projekt Waldmeister des Designbüros Supernova (www.supernova-design.de). Das Fahrrad ist aus Holz und verbindet modernste High-End-Holzverarbeitung mit außergewöhnlichem Design. Auch Firmen wie Xylon Bikes (www.xylonbikes.com) oder Sandwich Bike (www.sandwichbikes.com) setzen auf den nachwachsenden Rohstoff Holz. Der dänische Hersteller Biomega (www. biomega.dk) und der kalifornische Produzent Calfee Design (www.calfeedesign.com) hingegen setzen auf Bambusrahmen und haben damit die Mountainbike-Produktion revolutioniert. Mit seinem Label Calfee Design entwickelte er das Bambus-Bike, dessen Rahmen aus dem nachhaltigen Gehölz besteht. Das Bambus-Bike ist sehr stabil, extrem leicht und bietet ein komfortables Fahrgefühl. Als Calfee 1997 begann, nach alternativen Materialen für seine Bikes zu suchen, wollte er zunächst nur hohe Kosten vermeiden und die begrenzte Verfügbarkeit des herkömmlichen Materials Kohlefaser umgehen. Doch die umweltfreundliche Komponente brachte die grünen Sporträder erst richtig auf Erfolgskurs. Mittlerweile stellen die Bio-Bikes bereits 20 Prozent der gesamten Calfee-Designproduktion.

Selbst die Boliden der Rennszene werden grün: Sportschlitten mit Klima-Quote. Die Formel 1 lockt seit Jahrzehnten mit ihrem Geschwindigkeitsrausch, den röhrenden Motoren und getunten Gridgirls Millionen – vor allem Männer – vor die Fernseher und Hunderttausende an die Strecken. Doch der Sport war bislang auch ein Paradebeispiel für den Missbrauch von Ressourcen und Natur: Rund 70 Liter verbraucht ein Rennschlitten auf 100 Kilometer, 200.000 Liter Benzin werden pro Team jährlich als schädliche Kohlendioxidabgase in die Luft gepustet. Doch selbst an diesen Pfeilern des testosterongeschwängerten Millionenmarktes rütteln die LOHAS mittlerweile erfolgreich. Jene, die dem Reiz der Kurven verfallen sind und sich dennoch nicht mit den ökologischen Dreckschleudern abfinden wollen, haben bereits Alternativen am Start. So kündigte der Präsident der Fédération Internationale de l'Automobile (fiA), Max Mosley, im vergangenen Jahr bereits die „Grüne Formel 1" an. Statt mit ökologischen Katastrophennachrichten sollen die Fahrzeuge der Formel 1 künftig mit Vorbildcharakter für den Straßenverkehr in den News auftauchen. Ab 2008 werden mindestens 5,75 Prozent des Treibstoffs Bio-Sprit sein. Zudem verpflichtet Mosley die Teams, an regenerativen Bremsanlagen sowie an benzinsparenden Motoren zu arbeiten. Ab 2010 ist geplant, die Motoren nicht länger über die Hubraumgröße, sondern über den Energieverbrauch zu definieren. Die deutsche Frontfigur im Flower-Power-Rennsport ist Smudo. Der Kopf der „Fantastischen Vier" setzt seit vergangenem Jahr mit dem PSP-Team neue Umweltzeichen im Motorsport. Der 260 PS starke Ford Mustang GT RTD besteht aus Bioverbundwerkstoff und wird von einem 2-Liter-Diesel-Motor angetrieben, der mit Raps-Diesel läuft.

Zwei weitere Bespiele für Motorsport als grüne Freizeitindustrie:

- Drei Studenten aus England haben die Rennwagen-Traditionsfirma Climax wieder gegründet und einen Öko-Rennwagen entwickelt. Das Konzept ist schnell erklärt: Traditionsname im Rennsport, neueste Technologie, mutiges Design. Kein herkömmliches Öko-Auto im Familienwagenlook, sondern ein durchgestylter Sportschlitten, der James Bond erblassen lässt. Der „Climax

Cooper" fährt mit einem Benzin-Ethanol-Gemisch, das trotz der 270 PS nur 8 Liter auf 100 Kilometer verbraucht.

- Auch der kalifornische Autobauer Tesla Motors (www.teslamotors.com) hat sich auf die Herstellung eines Bio-Sportwagens spezialisiert. Der schneidige Roadster von Tesla fährt zu 100 Prozent mit Strom und ist in seinen Bestandteilen „recycling friendly" gebaut. Nach dem Motto „keep an eye on tomorrow, today" sorgt das Unternehmen dafür, dass selbst Batterie und Räder wiederverwertbar sind. Die Nachfrage nach den ersten Tesla Roadster war so gewaltig, dass die Öko-Rennschlitten bereits ausverkauft sind und das Unternehmen für die neue Produktion Reservierungen entgegennimmt.

Die eigenen vier Wände als Designaufgabe – Homing und Homestyle als Freizeitvergnügen

Bedeutete Freizeit in den vergangenen Jahrzehnten vor allem auch das Ausleben und bewusste Zurschaustellen von Mobilität („Raus aus den vier Wänden"), hat sich dieser Trend nahezu in sein Gegenteil umgekehrt. Dieser gesellschaftliche Wandel lässt sich mit hoher Treffsicherheit an alltäglichen Details ablesen. Nichtssagende Accessoires bekommen plötzlich Kultstatus und erobern die Nachrichtenseiten auch der seriösen Medien – Paradebeispiel: Tapeten. Früher zählte der papierene Wandschmuck zu den Wohnutensilien mit hohem Aschenputtelfaktor – Raufaser, weiß, und damit war es gut. Hier ist ein substanzieller Bedeutungswandel eingetreten: War es vor Kurzem noch in erster Linie wichtig, die richtige Rocklänge zur Lippenstiftfarbe zu kombinieren, sind heute Haus und Garten der Lackmustest für Stilsicherheit. Das Modelabel Esprit verkauft in seinen neuen Shops (Esprit Home, www.weconhome.com) eimerweise Wandfarben. Modedesigner wie Ralph Lauren beschäftigen sich mit Wandverschönerungen. Das Top-Modelabel Gucci bringt eine blaue Tapetenserie mit dem klassischen Doppel-G-Motiv heraus. Vor Kurzem hat die Designerin Rachel Kelly eine *Sex and the City*-Tapete entworfen. Das gute Stück zeigt die Lieblingsutensilien der Serienstars Miranda, Samatha und Charlotte, nämlich Schuhe.

Die gibt es in verschiedenen Farben und mit unterschiedlichen Aufklebern, die die Einmaligkeit und Individualität der Tapetenkäufer hervorhebt (www.interactivewallpaper.co.uk). Single-Tapeten ersetzen neuerdings sogar den Mitbewohner. Fotos von attraktiven Menschen auf Vliesmaterial mildern das Gefühl des Alleinseins in der Single-Gesellschaft. Und haben einen weiteren unschätzbaren Vorteil: Sie reden nicht so viel. Mit dieser lustigen Marketingidee (www.single-tapete.de) hat sich das Designerprojekt 2designers jüngst einen Namen gemacht. Drei Vliesbahnen mit dem neuen Mitbewohner kosten 160 Euro. Die rasante Lifestyle-Karriere der Tapete beweist: Aus unseren Wohnungen sind Orte der behüteten Selbstinszenierung und individuellen Refokussierung geworden. Unsere Häuser haben sich im Laufe des letzten Jahrzehnts zu großzügigen Kathedralen der Selbstthematisierung („Zeige mir, wie du wohnst, und ich sage dir, wer du bist"), der luxusgetriebenen Einkehr und einer intensivierten Intimität entwickelt. Nicht alles an diesem Wandel lässt sich also mit den Ängsten, die anlässlich des 11. Septembers entstanden sind, erklären. Richtig ist jedoch, dass wir in unserem turbulenten und hoch flexibilisierten Alltag immer stärker Rückzugsinseln einfordern, in denen wir zu uns selbst kommen können und die uns Vertrautheit und Schutz spenden.

Homemade Design: So reagieren Unternehmen auf den neuen Trend

Der IKEA-Slogan („Wohnst du noch oder lebst du schon?") müsste eigentlich anders lauten: Wer heute wohnt, der trifft eine Vielzahl von Stilentscheidungen, die für die persönliche Befindlichkeit mittlerweile folgenreicher sein können als das passende Make-up, der richtige Anzug oder das aufsehenerregende Auto. Wohnen ist zum Lifestyle geworden: Homestyle. IKEA hat es allen vorgemacht: Wir Freizeitmenschen verzichten gern auf Komfort und Highend-Qualität, wenn wir uns mit unseren Wohngegenständen identifizieren können, sie ein gutes Stück selbst produzieren können. Eine Vielzahl von Unternehmen aus unterschiedlichen Branchen reagiert bereits auf den Homestyle-Trend und auf die Tatsache, dass das Designen der eigenen vier Wände zum Freizeitvergnügen wird.

LOHAS sind beileibe keine Couch Potatoes. Doch sie haben ein großes Interesse an der aktiven Gestaltung ihrer Lebenswelt. Dass dazu vor allem auch die Gestaltung der eigenen vier Wände gehört, zeigen noch einmal die folgenden Beispiele:

- **Heimwerken als Liebesdienst:** Hornbach („Es gibt immer was zu tun") ist am weitesten fortgeschritten, was die Überführung der eigenen Heimwerker-Marke in ein lifestyliges Produkt betrifft. In schrägen bis provokativen Fernsehspots preist Deutschlands Nummer vier auf dem Heimwerkermarkt (www.hornbach.de) die Passionen ums eigene Heim. Pubertierende Söhne, die sich rüpelhaft gegenüber dem gehegten und gepflegten Heim des elterlichen Weekend Warriors benehmen („Liebe dein Zuhause, dann liebt es dich auch!"), werden beim Betreten des Heims auf rabiate Weise ausgespuckt. Uninteressierte Ehemänner, die das passionierte Werken ihrer Frau ignorieren, bekommen kurzerhand von mörderischen Walfischen den Kopf abgebissen – aus dem selbst angelegten Teich der Gattin (Agentur: Heimat, Berlin). Schon in früheren Kampagnen standen bei Hornbach die heimwerkenden Frauen im Vordergrund (Claim: „Keine Angst vor Nagelbruch"). Allerdings zeigt sich, dass die Entscheider-Zielgruppe erst noch als Weekend Warriors entdeckt werden muss. Aus der Freizeit-Umfrage des Zukunftsinstituts Kelkheim geht hervor, dass nur 62 Prozent (gegenüber 74 Prozent aller Deutschen) der höher Gebildeten in der Freizeit mit Vorliebe an den eigenen vier Wänden basteln.
- **Frauen mögen's einfach:** Der österreichische Baumarkt Baumax (www.baumax.at) hat für den weiblichen und männlichen Freizeittypus des Weekend Warriors bestens vorgesorgt. Seine Devise: „Simplify your Baumarkt". Zusammen mit der britischen Ladendesignagentur 20/20 brachte Baumax die neue Einfachheit auf den Weg: Neue Farbleitsysteme erleichtern die Orientierung, der Schilderwald wurde beseitigt, der Gartenbereich lädt zum Flanieren ein. Und auch hier ist Geiz irgendwie geil: Jeder Kunde, der

belegen kann, dass es woanders den Artikel billiger gibt, bekommt ihn bei Baumax sofort zum gleichen Preis.

- **Demokratisierung des Designs:** Crate and Barrel (www.crateand-barrel.com) begeistert die amerikanischen Homestyle-Freizeitmenschen mit erschwinglichen Haushaltsdesignerwaren aus Europa. Gordon Segal, Chef und Gründer des Unternehmens, hat früh erkannt, dass die amerikanische Mittelklasse in den eigenen vier Wänden immer stilbewusster und anspruchsvoller wird. Analog den Konzepten von Martha Stewart oder dem Designer Philippe Starck hat er sich an die Demokratisierung des Homestyle gemacht. Dafür verwendet Segal viel Zeit auf den Einkauf der Produkte. Die Produktsprache von Crate and Barrel ist einfach, ohne orthodox minimalistisch daherzukommen, sie bezieht ihre Ideen aus einem globalen Trendscanning, hat aber einen europäischen Schwerpunkt. Um die eigene Homestyle-Marke so rein wie möglich zu halten, verfolgt Segal eine vorsichtige Expansionspolitik. Dazu gehört ebenfalls, dass Crate and Barrel seine Vermarktung völlig ohne Fernsehwerbung betreibt.
- **Luxuskonzepte für die Mittelklasse:** Pottery Barn (www.potterybarn.com): Der amerikanische Haushaltswarenhersteller begeistert seine Kunden mit einer Mischung aus europäischen und historisch-amerikanischen Designs. 800 Gramm schwere Frotteehandtücher, die aber nur 24 Dollar kosten, Tischvasen aus gegossenem Kupfer, deren abgeschrägte Öffnungen das Umkippen verhindern, Kristallweingläser in Designqualität, klassische Ottomane aus im Ofen getrocknetem Mahagony – Pottery Barn liefert die Innenausstattung für den neuen amerikanischen Traum von einem behüteten Leben im häuslichen Kokon. Neuerdings bietet das Unternehmen auch komplette Wohnkonzepte für jüngere Zielgruppen an. Mit Pottery Barn Kids macht die Marke etablierten Firmen wie Target Konkurrenz. Die Freizeittechnik Wohnen und Wohlfühlen wird von Pottery Barn mit komplett durchdesignten Entwürfen unterstützt.

Der Freizeittrend Heimwerken erobert den Fernsehvorabend: Wohnen wird Beschäftigung

Freizeit entwickelt sich zusehends von einem passiven Lebenswandel zu einer aktiv gestaltenden Tätigkeit. Und für einen Großteil der Bevölkerung wird die Verschönerung des Heims und das unabgeschlossene Projekt Wohnen immer mehr zum absorbierenden Hobby. Der Boom bei den Wohn- und Do-it-yourself-Zeitschriften belegt diesen Trend: Bis Mitte der 1990er-Jahre bediente *Schöner Wohnen*, Europas meistgelesene Wohnzeitschrift, fast im Alleingang den Sehnsuchtsmarkt Homestyle. Heute sind es in Deutschland rund 40 Wohntitel (hinzu kommt ein ganzer Berg an Kundenzeitschriften), die erfolgreich um die Gunst der Leser und das Geld der Anzeigenkunden buhlen.

Im Krisenjahr 2003 haben Bau- und Heimwerkermärkte laut Statistischem Bundesamt gegen den Trend im Einzelhandel 4,3 Prozent mehr Umsatz gemacht als im Vorjahr. Innerhalb des Einzelhandels bleiben die Kathedralen der Selbermacher also auch langfristig ein stabiler Wachstumsmarkt. Die *Frankfurter Allgemeine Sonntagszeitung* kümmerte sich ausführlich im Wirtschaftsteil um den Homestyle-Trend. Und das Fernsehen, ganz gleich ob privat oder öffentlich-rechtlich, stampft ein Heimwerkerformat nach dem anderen aus dem Boden: *Ratgeber Bauen + Wohnen* oder *Heim + Garten* sind die Klassiker der öffentlich-rechtlichen Sender. *Gartenduell* läuft im NDR, *Tapetenwechsel* im BR. Bei Pro Sieben wird in der Heimerker-Sendung *Avenzio. Schöner leben* der Superheimwerker gesucht. Und am Theater an der Kö wird der Baumarkt zur Bühne für eine Heimwerkerkomödie. Deutschland steht auf und greift zu Spreizdübel und Schlagbohrmaschine! Doch während die Weekend Warriors in früheren Zeiten noch aus purer Notwendigkeit agierten, gehört das lustvolle Werken am eigenen Wohnobjekt heute zum Lifestyle einer breiten Konsumentenschicht.

Baumärkte entdecken, dass sie im Zeitgeist liegen. Und der Sturm der Frauen auf den Baumarkt scheint unaufhaltsam. Der amerikanische Baumarkt-Gigant Home Depot zeigt, wo es in den nächsten Jahren langgeht (www.homedepot.com). Home Depot veranstaltet regelmäßige Ladies Nights, bei denen kompetente Mitarbeiter interessierte Frauen in die geheimen Künste des Heimwerkens einweihen. Zusätzlich hat der Megabaumarkt seine Produktpalette neu zusammengestellt: Statt Zement und Dachlatten bieten die Märkte jetzt auch Haushaltsgeräte an. Und neue Filialkonzepte sind in Planung: Home Depot möchte vor allem Frauen in kleinere Shops locken, die nicht mit meterhohen Regalwänden und gigantisch breiten, aber kalten Fahrstraßen, sondern mit Ladenatmosphäre und Waren auf Augenhöhe locken. Der Erlebnisaspekt des Selbermachens ist offenbar erkannt und wird kräftig kapitalisiert. Allein im Oktober 2007 haben 21 Outlets quer durch die USA eröffnet. In eine ähnliche Richtung wie der Home-Depot-Vorstoß zielt der folgende Heimwerker-Consulting-Ansatz aus Großbritannien. Wir alle kennen die einsilbigen Männer bei der Beratung beziehungsweise der Information in unseren Heimwerkergeschäften. Im schottischen Livingston hat nun ein Heimwerkermarkt eröffnet (und andere sollen überall in Großbritannien folgen), in dem jedes Stadium des Bauprozesses Thema eines ausführlichen Orientierungskurses ist. Sieben Tage die Woche erhalten die Kunden auf Informationstafeln eine Beratung über alle wesentlichen Bereiche von Fundamentbau und Trockenlegen über Fußböden und Heizungsanlagen bis zur Innenausstattung und Möblierung. Das 3.000 Quadratmeter große Zentrum ist eine Idee von Build-Store (www.buildstore.co.uk), einem Dienstleistungsunternehmen für Heimwerker, das auch Hypotheken anbietet. Das Zentrum will sowohl passionierte Heimwerker als auch Menschen ansprechen, die sich erst von der Güte solcher Lösungen überzeugen lassen wollen.

Ein weiteres Argument für den Trend zum Bauen, Basteln und Selbermachen ist der Flächenboom bei Wohnungen und Häusern. Denn mehr Quadratmeter bedeutet auch mehr Gestaltungsraum: In der Bundesrepublik (früheres Bundesgebiet) ist die Wohnfläche zwischen 1965 und dem Jahr 2002 von 86,4 auf 117,8 Quadratmeter angewachsen, was einem Flächenzuwachs von 36 Prozent entspricht. Im gleichen Zeitraum wuchs die Wohnfläche pro Person von 22,3 auf 42,8 Quadratmeter an (plus 91 Prozent). Immer mehr Wohnfläche erhöht den Gestaltungsspielraum und macht das Leben zu Hause zu einem Eldorado für die Seele. Natürlich ist auch der Homestyle-Trend kein auf Deutschland begrenzter Freizeittrend. In den USA betrug 1950 die durchschnittliche Größe einer Wohnung 90 Quadratmeter, 55 Prozent der Amerikaner waren Besitzer von Wohneigentum. Zwanzig Jahre später waren die Häuser durchschnittlich bereits auf 138 angewachsen und 63 Prozent der Bevölkerung durften sich Wohneigentümer nennen. Im Jahr 2000 schließlich erstreckte sich das amerikanische Heim über stolze 220 Quadratmeter bei 68 Prozent Wohnungseigentümern. Allein in den 1990er Jahren vergrößerte sich die Durchschnittswohnung um 10 Prozent. Das hat seinen Grund fraglos auch in den seit den 1980er-Jahren regelmäßig gesunkenen Kaufpreisen für ein amerikanisches Zuhause. Doch deutlich ist auch hier, dass sich auf das Leben in den eigenen vier Wänden immer mehr Sehnsüchte und Wünsche richten.

Gardening – von der grünkarierten Spießerwelt zum Lifestyle-Kosmos

Zu einer großzügigen Wohnkultur gehörte es spätestens seit dem 19. Jahrhundert, dass man die Natur in die Inszenierung von Privatheit mit einbezog. Die mit Pflanzungen aller Art überladenen Bürgerhäuser des Jugendstils erinnern noch heute daran. 43 Prozent der insgesamt 40,6 Millionen deutschen Garteneigentümer haben Spaß an der Gartenarbeit, 1999 waren es 31 Prozent. Das hat die Industrievereinigung Gartenbedarf (www.ivg.org) herausgefunden. Grillen gehört zu den Schlüsseltechniken des deutschen Freizeitmenschen. Lagerfeuerromantik, Naturerlebnis und Selbstgemachtes haben gerade bei jüngeren Zielgruppen den beschwerlichen Weg in die innerstädtische Sushi-Bar abgelöst. Und Grillen wird immer mehr zum aufwendigen Freiluft-Kochen. Mittlerweile kann der Verbraucher zwischen der Einweg-Aluschale für 2,50 Euro und einer kompletten Grillstation des amerikanischen Highend-Anbieters Weber für 649 Euro wählen. Galt das Gärtnern bis vor Kurzem noch als Freizeitvergnügen für kleinkarierte Spießer, haben sich neuerdings auch hier die jungen Lifestyle-Zielgruppen eingeschlichen. „Gardening is the new sex", titelte die Londoner *Times* im Jahr 2005. In Deutschland hat sich bei den Gartenaccessoires ein stabiles Umsatzwachstum eingestellt, das auch in Zuukunft anhalten wird. Nach einer Prognose von BBE werden die Deutschen zwischen 2004 und 2008 in den folgenden Sparten mehr Geld in ihre Gartenlust investieren: Teichausstattung/Zubehör (+ 14,7 Prozent), Erden (+ 14,7 Prozent), Garten- und Balkonmöbel aus Kunststoff (+ 10,1 Prozent), Garten- und Balkonmöbel aus anderen Materialien (+ 9 Prozent), Handgeräte (+ 8,3 Prozent), Grün Outdoor (+ 7,3 Prozent), Holz (+ 7,3 Prozent), biologisch-chemischer Gartenbedarf (+ 6,1 Prozent), Rasenmäher (+ 6,1 Prozent), elektrisch/motorbetriebene Gartengeräte (+ 5,7 Prozent). Dass Gardening in ist, dokumentiert nicht zuletzt auch eine Verlautbarung der Industrievereinigung Gartenbedarf (IVG):

> „Die Bedeutung der eigenen vier Wände und des Gartens steigt. Die Verbraucher sind zu Neu- und Ersatzinvestitionen bereit. Dahinter steht sowohl der Wunsch nach Wohlbefinden zu Hause als auch das Streben nach Prestige."

Und der Gardening-Markt beginnt sich zielsicher auf die Lifestyle-Bedürfnisse seiner Kundschaft einzustellen. Die Welle rollt seit dem Jahr 2003 aus Großbritannien auf uns zu. Dort ist Gärtnern ein Lifestyle-Ereignis, und zwar für alle Klassen. Im Zuge dessen sind in den letzten Jahren neue Geschäftsfelder und öffentlichkeitswirksame Rolemodels aus dem grünen Trend erwachsen. Eine gefragte Gartenstylistin wie Miranda Brooks posiert mit Stöckelschuhen und Designer-Jeans auf Fotos in der *Vogue*. Ihr männliches Pendant, Sven Wombwell, gärtnert in einer eigenen BBC-Sendung und hat in der Zuschauergunst mittlerweile selbst einem knuddeligen Szenekoch wie Jamie Oliver den Rang abgelaufen. Die ersten Designer-Gardening-Utensilien liefert Le Prince Jardinier (www.princejardinier.fr) aus Paris. Und auch die Saatverkäufer warten mit einer neuen Auswahl an Marketingstrategien für Verpackung und Saatgut auf, wollen nicht länger wissen, ob Balkon oder Rabatte, Blumenkasten oder Beet – sondern wer man ist, wie man lebt und wie man fühlt.

Blumen, Blüten und Pflanzen werden nämlich für jeden Lifestyle angeboten. Mr. Fothergills (www.mr-fothergills.co.uk) ist der bekannte Saatgutvertrieb mit altmodischem Namen und neumodischen Produkten. Neben den Standard-Wild- und -gartenblumen bietet das Unternehmen neuerdings auch eine Lifestyle-Kollektion an:

- Sensory Garden: Hinter dem „Garten der Sinne" verstecken sich ausgewählte Blüten, welche die Sinne durch Haptik und Düfte stimulieren sollen. Zielgruppe ist der esoterische, aber auch schöngeistige Kunde. Typische Käufer: Notting-Hill-Kreative.
- Heritage Seeds: Ausgefallene, altmodische Saatauswahl, besonders stilvoll mit unüblichen Farbzusammenstellungen in einer von viktorianischem Design inspirierten Verpackung. Die Zielgruppe ist traditionsbewusst und hat Interesse an der Erhaltung alter Pflanzensorten. Typische Käufer: traditionsbewusste Gärtner.
- Micro Crops: Diese Saatsprossen und Jungpflanzen wachsen schnell, sind einfach zu pflegen und nahrhaft – gutes Fast-Food aus dem eigenen Garten. Typische Käufer: reiche, gewissenhafte Londoner mit Zeitnot.
- Garden Doctor: Pflanzen, die auf natürliche Weise die Fruchtbarkeit des Bodens und die Bestäubung verbessern sowie Schädlinge in Gemüsegärten reduzieren. Der Gartendoktor enthält drei Gründüngungspflanzen und sechs Begleitpflanzen. Typische Käufer: LOHAS, die ansonsten im Bio-Supermarkt „Fresh and Wild" von Notting Hill shoppen.
- Wildlife Attracting: Eine Auswahl von 15 Blumen, die besonders attraktiv ist für Bienen, Schmetterlinge, Nachtfalter und Vögel – und Vielfalt und Farbe in den Garten bringt. Typische Käufer: Mütter, die ihren Kids in London das Gefühl von Landleben vermitteln möchten.
- Fun Seeds: Eines der originellsten Gartenprodukte sind derzeit aber wohl die „Fun Seeds" für Kinder. Das Sortiment beinhaltet 14 verschiedene Blumen- und Gemüsesorten wie Pods from Outer Space (Hülsen aus dem Weltall), deren schöne, gelbe Blumen sich in „Raumschiff"-Samenhülsen verwandeln, Gob-

stopper Toms („Dauerlutscher-Tomaten") sind Mini-Tomaten, die direkt von der Pflanze gegessen werden können – am besten als Ganzes wie ein Bonbon oder Climbing Canaries, kletternde Kanarienvögel, eine Kletterpflanzenart (Kanarische Kapuziner-kresse) mit fedrigen, gelben Blüten in Verpackungen mit lustigen kleinen Gärtnern.

- Moral-Plus: Neben Kinder- und Lifestyle-Themen gibt es auch Saatgut mit „Moral-Plus-Effekt". 25 Pence einer Saatguttüte süßer Erbsen (Guide Dog) werden der Guide Dog Blind Association gespendet. Das Unternehmen unterstützt auch die Organisation Thrive, die das Leben von behinderten und anderen benachteilig-ten Menschen mithilfe von Gartenarbeit und Gartenbau verbes-sert.

Fröhliches Revial der Schrebergärten: „Turbo-Grün" und „Basic Gardening"

Früher war das grüne Kleinod vor den Toren der Stadt das Epizen-trum für mediokre Kleinbürgerlichkeit und symmetrieverliebte Blu-menrabatten-Ästhetik. Es war zwar nie richtig out – immerhin begrünen in Deutschland etwa fünf Millionen Menschen etwas mehr als eine Million Kleingärten mit insgesamt 460 Millionen Quadratmetern –, doch derzeit erlebt diese Sportart einen nie gedachten neuen Zulauf, besonders in Großstädten. Die Laube ist zum Traum trendbewusster Großstädter und junger Familien avan-ciert. Seit einiger Zeit erobern ganz neue Zielgruppen den Schreber-garten. Der Verband der deutschen Kleingärtner (www.kleingarten-bund.de) beobachtet ein wachsendes Interesse bei gut verdienenden Kleinfamilien und Jungakademikern. Die ungebrochene Nachfrage nach Biogemüse bringt viele heimische Erzeuger an ihre Kapazitäts-grenzen – und beschert den Kleingärtnervereinen regen Zulauf. Von zahlreichen Anfragen nach freien Parzellen in den ersten Wochen des Jahres 2007 berichtet der Bundesverband Deutscher Garten-freunde e.V. (BDG) in Berlin. Viele potenzielle Neupächter treibe der Wunsch, den Speisezettel mit gesundem Gemüse aus dem eigenen Garten aufzuwerten, sagt BDG-Sprecher Rolf Neuser. „Der gute, alte

Eigenanbau gilt wieder als chic", so Neuser. Klar, dass sich damit auch die Schrebergartenkultur selbst verändert. Pragmatische Einführungsliteratur für erlebnisgierige Bildschirmarbeiter *(Weekend Gärtner. Wenig tun – viel genießen)* steht in hohen Auflagen bereit. Ebenso *Basic Gardening* (Gräfe und Unzer Verlag) für Grobmotoriker und Ungeduldige, die sich in Kapiteln wie „Turbo-Grün, für alle, die es eilig haben" an das grüne Vergnügen herantasten wollen. Gaben Deutschlands Gardening-Jünger im Jahr 2000 noch durchschnittlich 14,60 Euro für Gartenbücher aus, waren es 2002 bereits 18,26 Euro. Daneben beginnt sich aus der angesagten Freizeittechnik des Gärtnerns immer stärker ein therapeutischer Markt zu entwickeln. Im Kontakt mit dem Natürlichen und Kreatürlichen, so die Erkenntnis vieler Psychologen und Psychotherapeuten, sollen Krankheiten und Vertrautheitsverluste in der Realität überwunden werden.

Siehe hierzu u.a. www.garten-therapie.de, www.therapiegarten.at, www.garten.or.at, www.rosengarten-dresden.de.

Die neueste Masche: fröhliches Revival von Stricken, Häkeln und sonstigen Handarbeiten

In den USA wird es gerade zum Freizeitvergnügen, die Zeit beispielsweise mit Näharbeiten zu verbringen. „Knitting" wird dabei aus dem Kontext des Biederen und Betulichen herausgerissen – und ist auch nicht mehr nur eine Freizeitbeschäftigung für Frauen. Bisher haftete der Handarbeit das Image „alternativ" oder „spießig" an. Es war definitiv nicht schick und in den letzten 20 Jahren alles andere als Pop-Kultur. Mit der Konsequenz, dass alteingesessene Firmen wie Deutschlands größtes Woll-Filialunternehmen Wolle Rödel KG Ende der 1990er Jahre aufgrund des Marktrückgangs Konkurs anmelden mussten. Doch in letzter Zeit erleben Handarbeiten eine Stil-Renaissance: Hip und schick wurde das Stricken nicht zuletzt durch einige Hollywood-Stars. Ob Madonna, Cameron Diaz, Sandra Bullock, Julia Roberts oder sogar Russell Crowe – sie alle haben sich zu Nadeln und Wollknäuel bekannt.

In Szenestädten wie Tokio, Los Angeles oder Berlin sprießen Strickcafés (www.knitcafe.com) und Nähshops (www.linkle.de) wie

Pilze aus dem Boden. Die Kunden sind alles andere als Alt-68er mit Öko-Pullis, sondern Design-Studentinnen, Werber oder Best Ager. In den USA haben sich bereits diverse Interessenclubs zusammengefunden, die über das Grundinteresse Handarbeit hinausgehen. Etwa der Dyke Knitting Circle, der lesbische Strickerinnen vereint. In Tokio sind es vor allem viele Männer, die sich in den Strickcafés (www.clover.co.jp) zur gemeinsamen Handarbeit treffen. Strickbücher wie das von Vivian Höxbro *(Domino Knitting)* sind in Skandinavien längst Bestseller und bereits ins Englische wie auch Japanische übersetzt. Die Dänin war sogar schon auf „Lesereise" in den USA. Internationale Plattformen wie Etsy (www.etsy.com) ermöglichen den neuen Kreativen, ihre Waren unkompliziert zu verkaufen. Nicht zuletzt durch solche P2P-Konzepte und die zahlreichen Weblogs boomt die neue Liebe zur Handarbeit.

Trendbriefing: Was zu beachten ist ...

Der Megatrend Neo-Ökologie hat seine konventionellen Pfade verlassen und erobert mit großen Schritten ständig neue Branchen. Dabei gibt es keine Grenzen mehr – selbst der Motorsport profitiert neuerdings vom Öko-Hype. Die Kombination aus Umweltschutz und Lifestyle eröffnet eine Vielzahl an innovativen Geschäftsideen und beweist auch, dass Trendpioniere, die auf die CSR-Prinzipien (Corporate Social Responsibility) setzen, auf der Erfolgsspur fahren.

4. Design: Wie Greenomics Ästhetik und Gestaltung verändert

Die Innenausstattung des neogrünen Lebensstils

Die neue Öko-Bewegung ist längst keine Ansammlung verbitterter Konsumverweigerer mehr. Gesundheit und Nachhaltigkeit sind schick geworden. Der Öko-Trend hat die ideologischen Lager der Subkulturen verlassen. Avanciertes Design arbeitet seitdem an der Versöhnung zwischen Natur und Gestaltung. Trends sind nichts anderes als die Boten von zukünftigen Veränderungsprozessen in der Gegenwart. Und genau hinter dieser Entwicklung verbirgt sich die vornehmste Aufgabe von Design: Wünschen und Bedürfnissen der Menschen eine Form zu geben und die Veränderungswünsche in gestaltete Schönheit zu übersetzen. Vorbei sind die Zeiten, in denen Design in erster Linie Schöngeisterei bedeutete – ein nicht wirklich notwendiges und zudem teures Extra. Immer häufiger auch werden wir darauf gestoßen, dass Design an den Gelenkstellen in Wirtschaft und Gesellschaft zum Einsatz kommt. Design wird zum Tipping Point, zum ausschlaggebenden Erfolgsgaranten und zum Business-Tool. Design, so scheint es, ist ein strategisches Schlüsselelement in der Ökonomie des 21. Jahrhunderts. Schauen wir dazu auf *das* Vorzeigeunternehmen der nächsten Jahre. Google hat unsere Welt neu strukturiert, weil es die Organisation unseres Wissens immer stärker beeinflusst. Viele verwechseln das Medium mit dem Suchmaschinendienstleister: „Google, das ist das Internet."

Was macht Google so erfolgreich? Design natürlich. Google kontrolliert heute 59,2 Prozent des weltweiten Suchmaschinenmarktes, im vergangenen Jahr waren es noch 45 Prozent. Googles Startseite ist jungfräulich und einladend wie weißes Papier, etwas mehr als 30 dürre Worte stoßen das Tor in die Internetwelt auf. www.google.com ist reine Funktion, lediglich sechs Services erwarten den Nutzer, bei MSN sind es rund 50, bei Yahoo mehr als 60. Google kommt vollständig ohne Werbung aus, die Konkurrenz braucht die Werbung zum Überleben. Marissa Mayer, Googles Director of Consumer Web Products, macht im designerischen

Minimalismus den Erfolg des Unternehmens aus: „It gives you what you want, when you want it, rather than everything you could ever want, even when you don't." Was ganz offensichtlich den Erfolg eines zeitgenössischen Designs ausmacht, ist die Tatsache, dass der Nutzer etwas bekommt – genau in dem Moment, wann und wo er es braucht. Feature-Hedonismus, die Anhäufung von Optionen auf dem Handy, im Netz, am Herd in der Küche, auf dem Fahrrad, alles das gehört der industriellen Welt von gestern mit ihrem naiven Glauben an die heilsbringende Wirkung von technologischen Innovationen an. Die Welt hat sich jedoch verändert: Technik, aber vor allem auch Design, haben die Aufgabe, uns zu dem vordringen zu lassen, was wirklich wichtig ist. Und so richtet sich das Produkt, beispielsweise der iPod, längst nicht mehr in seiner Funktionalität und Praktikabilität nach den Accessoires – unsere Kleidung, Taschen und anderen Sachen richten sich nach dem berühmten MP3-Player. Der iPod ist ohne Frage die Stilikone der LOHAS: Hoher Designwert paaren sich mit individuellen Musikgenuss, unterwegs oder zu Hause.

Neuestes Gadget im iPod-Umfeld ist der Nike-Turnschuh „Air Zoom Moire": Der Joggingschuh übermittelt per Sensor im Schuh und Empfänger am iPod ähnlich wie ein Fahrrad-Tacho zurückgelegte Kilometer, Zeit, Geschwindigkeit und Kalorienverbrauch des Läufers. So kann der Sportler gleichzeitig Musik hören und sich seine Leistung ansagen lassen. Diese Informationen können auf dem iPod-Nano natürlich auch abgelesen und gespeichert werden. Geplant ist, mehrere Nike-Modelle künftig mittels iPod Sport Kit kompatibel zu machen (www.nike.com, www.apple.com). Auch MP3-Player werden zu Multimediageräten mit teurem Zubehör. Rund 7,1 Millionen reine Player gingen 2006 in Deutschland über die Ladentische – etwa 1,3 Millionen weniger als 2005. Konkurrenz bekommen die reinen Musikabspielgeräte nämlich von den Mobiltelefonen, die heute zunehmend mit einem integrierten MP3-Player angeboten werden. Und wo mittlerweile fast jedes Gerät alles kann, werden Design und Zusatzaccessoires oft zu kaufentscheidenden Faktoren. Der österreichische Glas- und Schmuckhersteller Swarovski und der holländische Philips-Konzern wollen im Herbst schicke Kopfhörer mit Glaskristallen anbieten. „Der Markt für Zubehör wird explodieren", sagt Roland Stehle, Sprecher der Gesellschaft für Unterhaltungs- und Kommunikationselektronik. Neben Taschen, Displayschutz oder Docking-Stationen gibt es Fernbedienungen, externe Lautsprecher oder Armbänder, an denen der MP3-Player befestigt wird. Besonders für iPod-Besitzer gibt es viel Neues. Für rund 380 Euro lässt sich mit dem SoundDock-System des Lautsprecherspezialisten Bose aus dem iPod ein Heimaudiosystem bauen. Nach iPod-Jacken kommt nun das 140 Euro teure Shirt grooveRider des österreichischen Herstellers Urban Tool. Der iPod wird über eine Fläche auf dem Gewebe bedient und das Kabel ist im Shirt eingearbeitet. Trotzdem soll es waschmaschinentauglich sein. iPod-Süchtige leiden künftig auch nicht mehr auf dem stillen Örtchen – dank des Toilettenpapierhalters iCarta für nur 99 Euro einschließlich Lautsprecher.

Green Design wird zum Lifestyle auf breiter Front

Längst haben sich Design, Ästhetik und Kunst demokratisiert und sind in die Mitte der Gesellschaft gerückt und haben sich zu entscheidenden Kaufargumenten gemausert. Immer selbstverständlicher wird gute Gestaltung seitens der Verbraucher eingefordert. Gerade der Lifestyle of Health and Sustainability durchdringt unsere Lebens(t)räume und muss um Dimensionen wie Ästhetik, Stil oder Design erweitert werden. Denn was diese neue prosperierende Konsumentengruppe vor allem auszeichnet, ist ihr hoher Anspruch an Gestaltung und ihr Gespür für Zeitgeist. Die Sensibilität dafür ist in den letzten Jahren erheblich gestiegen. Während laut Stern Markenprofile vor zehn Jahren knapp 45 Prozent der 14- bis 64-Jährigen auf das Äußere eines Produkts Wert legten, waren es 2003 bereits 55 Prozent, Tendenz steigend. Nach der Geiz-ist-geil-Ära mit ihrem Ramsch und Plunder steigt seit einigen Jahren wieder das Interesse an Qualität, Sustainability und Design – die in Zukunft neue spannende Symbiosen eingehen werden. Egal, ob es sich um ein neues Notebook, ein Spülmittel oder eine Firmenwebseite handelt – um gutes und ansprechendes Design kommt zukünftig kein Hersteller oder Dienstleister mehr herum. Denn Design wird immer stärker sowohl zum Wirtschafts- als auch zum Standortfaktor. Was auf den ersten Blick wie unnötige Mehrkosten für den Produzenten aussieht, entpuppt sich auf den zweiten Blick als für die Zukunft unverzichtbares Innovationstool.

So hat Ästhetik-Pionier Apple gezeigt, wie Produktgestaltung und Erfolg zusammenhängen. Das damals finanziell angeschlagene Unternehmen landete vor fünf Jahren mit dem Launch des MP3-Players iPod einen Supercoup. Heute gehört Apple wieder zu den Top-Firmen – nicht zuletzt aufgrund des hohen Anspruchs an die Gestaltung der Produkte. Apples Chefdesigner Jonathan Ive wurde jüngst von der Queen für seine Leistung geadelt. Und auch Sportartikelhersteller Puma hat früh in ein Designteam investiert und sich so nicht nur vor dem Bankrott gerettet, sondern nachhaltig das Bewusstsein der Konsumenten für Design und Lifestyle zu fairen Preis-Leistungs-Verhältnissen geprägt. Den Trend stützen auch internationale Designmessen, die bei Aussteller- und Besucherzahlen Steigerungsraten im zweistelligen Bereich verzeichnen. Die New Yorker Möbelmesse „International Contemporary Furniture Fair" begrüßte 1989 gerade einmal 112 Aussteller, 2006 waren es bereits 600 – und 23.000 Besucher. Die Mailänder Möbelmesse „Salone Internazionale del Mobile" zählte 2006 im Vergleich zum Vorjahr knapp 16 Prozent mehr Besucher, bei den internationalen Gästen gar 23 Prozent mehr. Ob Sofas oder Lampen, Hosen oder Taschen, Ringe oder Spielkarten, Stempel oder Teetütchen: Kein Bereich des täglichen Lebens ist heute ohne Design denkbar. Unter dem Motto „Design is everything. Everything!" präsentierten rund 400 Designer auf dem Designfestival Hamburg vom 5. bis 10. Oktober 2007 nicht nur neue Produkte. Sie zeigten auch unveröffentlichte Designs, hielten Vorträge über ungewöhnliche Materialien und kind- oder altersgerechtes Design, sie diskutierten Kriterien für gute Gestaltung und stellen Designkonzepte in der virtuellen Welt von Second Life im Internet vor (www.designfestival.de). Zu 143 Veranstaltungen kamen mehr als 400 Teilnehmer und Aussteller sowie gut 30.000 Besucher, also ein Drittel mehr als noch im Vorjahr.

Hier ein weiteres Beispiel, das verdeutlicht, dass grüner Lebensstil und Designanspruch in Zukunft eine immer intensivere Allianz eingehen werden: Öko-Haushaltsreiniger in Highend-Design kommt von der Firma Method. In dem Maße, in dem Verbraucher von konventionellen Waren ökologische Komponenten verlangen, wünschen sie sich von Öko-Produkten anspruchsvolle Ästhetik. Ein Anspruch, dem Method (www.method.com) in jeder Hinsicht gerecht wird. Die beiden Freunde Eric Ryan und Adam Lowry (der eine Chemiker mit Stanford-Abschluss in Umwelttechnik, der andere auf Design und Branding spezialisiert) bündelten ihre Ideen, brachten Umweltbewusstsein und Design zusammen und kreierten ökologisch korrekte Haushaltsreiniger in State-of-the-art-Design. Die Produktpalette reicht von Geschirrspülmittel bis Seife und ist nicht nur umweltschonend, sondern zugleich preisgünstig. Darüber hinaus wollen die beiden Unternehmer mit ihrer Kampagne „fight against dirty" (www.peopleagainstdirty.typepad.com) zu einem umweltfreundlicheren Leben motivieren. In ihrem Weblog können sich User Tipps und News holen.

New Luxury
Veränderung des Luxusbegriffs

	Klassischer Status-Luxus	New Luxury
Soziale Funktion	Status, Prestige	Mehr Lebensqualität
Konsummotiv	Soziale Differenzierung	Individuelles Wohlergehen
Tiefenstruktur	Konkurrenz	Inneres Wachstum
Epoche	Massengesellschaft	Gesellschaft der Individuen
Objekte	Cadillac, Patek, Gucci	Mass-Customization
Objektbezug	Fetisch	Service- und Erlebnisqualität
Lebensziel	Mehr Geld	Mehr Zeit

Abbildung 17: Der neue Luxus

Grünes Design als Strategie für alle Branchen

Ebenso wie die LOHAS nach nachhaltiger Produktion streben, treten sie den Konsummärkten also auch mit einem ausgeprägten Schönheitssinn gegenüber. Ästhetik, Kunst und Gestaltung spielt eine zentrale Rolle in ihrem Lebensstil. Greenomics führt dazu, dass unsere Produktwelten nicht nur eindeutig grüner, sondern auch eindeutig schöner werden. Nicht nur die Design-, sondern auch die Kunstszene reagiert mit Geschäftsideen auf das gestiegene Bewusstsein für Ästhetik in der Gesellschaft und versucht, die breite Masse als neue Zielgruppe zu gewinnen. Ob Kunstsupermarkt (www.kunstsupermarkt.de) oder Low-Budget-Fotogalerien (www.lumas.de) – bereits mit 50 Euro kann hier jeder zum Kunstsammler werden. Hochwertige Fotokunst einem breiten Publikum zugänglich zu machen, hat Marc Ullrich und Stefanie Harig dazu bewogen, die Fotogalerie Lumas zu gründen. Innerhalb von nur zwei Jahren wurden deutschlandweit acht Galerien eröffnet, nun folgt die erste Filiale in New York. Zusätzlich wird übers Internet verkauft. Das Prinzip ist so einfach wie bestechend: Fotokunst in hoher Auflage zu niedrigen Preisen. Angesprochen werden neue Kunstsammler – aber nicht nur über Preis und Produkt (Fotokunst boomt) –, sondern auch über die offen und unkompliziert gestalteten Galerien selbst, die Hemmungen vor Kunstgalerien abbauen. Für 2006 wurde ein Umsatz von 5,5 Millionen Euro angepeilt.

Im Mai 2006 beteiligte sich Hubert Burda Medien an Lumas. Neben weiteren Filialen in der Schweiz, Frankreich und den USA soll mit einem „Web 2.0 des Kunstmarktes" auch das E-Commerce-Geschäft weiter ausgebaut werden. Und dass auch Museen sich auf ein neues Publikum einstellen, zeigt die Frankfurter Kunsthalle Schirn, deren letzte Ausstellungen geradezu als bodenständig bezeichnet werden können. „Die Jugend von heute", „Nichts" oder „I like America – Fiktionen des Wilden Westens" vereinen Kunst mit Populärkultur. So gibt es etwa immer wieder Kooperationen mit einem großen Blockbusterkino, das dann parallel zu den Ausstellungen Jugendfilme oder Westernklassiker zeigt. Welche Bedeutung Design sowohl im Innovations- und Strategieprozess wie auch als

Wirtschaftsfaktor besitzt, unterstreicht „Die 1. Österreichische Designleiter-Studie". Der Umfrage des IFES-Instituts zufolge, die im Auftrag der Stadt Wien durchgeführt wurde, setzen 43 Prozent der österreichischen Unternehmer von der Produktentwicklung bis zur Vermarktung immer stärker auf Design. Und fast drei Viertel der befragten Firmen gaben an, dass Design ihre Profitabilität erhöht. Internationale Ergebnisse stützen diesen Trend: So konnten schwedische Unternehmen, die Design als bewusste Strategie einsetzen, laut der schwedischen Designleiter-Studie ein jährliches Umsatzplus von 9 Prozent verbuchen. Und die Studie des British Design Council ermittelte, dass Firmen mit Designfokus zwischen 1994 und 2003 überdurchschnittliche Erfolge an der Londoner Börse erzielten.

Transformation der Objektwelt grün gestylt

Wie sieht neugrünes Design konkret aus? LOHAS legen Wert auf Qualität und Ästhetik, auf innere, aber auch äußere Werte eines Produkts. Wie wichtig diese neue Fusion ist, zeigt sich beim Blick auf internationale Design- und Lifestyle-Magazine wie *Wallpaper* (www.wallpaper.com) oder *Dwell* (www.dwell.com). Die Entwicklung in den Medien spricht Bände: *Wallpaper* feierte 2006 erfolgreich sein zehnjähriges Jubiläum und kam im Jubiläumsjahr mit unzähligen LOHAS-Themen an die Kioske. Das amerikanische Pendant *Dwell* konnte in den fünf Jahren seines Bestehens bei der schönheitssüchtigen Leserschaft und seinen Anzeigenkunden ein stetig steigendes Interesse an neugrünen Themen entdecken.

Von den Online-Medien ganz zu schweigen: Weblogs wie „Charles & Marie" (www.charlesandmarie) sind die neuen Sterne am grünen Lifestyle-Himmel. Hier gibt's einfache Tipps und Empfehlungen, was aktuell in ist oder eben auch nicht. Anstatt der Wiederholung sinnloser Produkttests und mehr oder weniger überzeugender Empfehlungen von anderen, lassen sich Charles & Marie immer wieder von der eigenen Erfahrung inspirieren und stellen interessante bis bizarre Produkte wie schwarzes Toilettenpapier aus 100 Prozent recyceltem und chlorfrei hergestelltem Papier oder Salz- und Pfefferstreuer aus unbenutzten Telefon-Hör- und Sprechmuscheln vor. Die „Designspotter" (www.designspotter.com) sind „always interested in fresh, wild and unusual things", und auch Great Green Goods (www.greatgreengoods.com) bieten jungen Designern eine Plattform. Sie präsentieren Kunst, Schmuck, Wohnaccessoires wie recycelte Ohrringe aus Prozessorplatinen, Custom Quilts aus recycelten T-Shirts und Stühle aus ausgedienten Eichenholzfässern für den Weinfreund oder aus Ski- und Snowboardspitzen für Wild Rider. „Design goes green", so lautet das momentane Credo der Kreativszene – und das in jeder Hinsicht. Ob für die Gestaltung eines Fertighauses oder eines Reinigungsmittels – immer stärker orientieren sich Architekten, Designer und Produktentwickler an „natürlichen" Vorgaben, legen Wert auf Ressourcenschonung und Gesundheitsaspekte. Aber auch der „Prosument" mischt die Produktions- und Vertriebslogiken im Design auf. Dem kommt ein besonders innovatives Konzept, entwickelt vom Designshop SkinnyCorp in Chicago, mit dem Internetprojekt Naked and Angry (www.nakedandangry.com) entgegen: Hier kann jeder ein Design für T-Shirts, Schlipse oder auch ein Tapetenmuster einreichen, das von der Community bewertet wird. Das populärste Muster wird anschließend produziert und über die Webseite vertrieben. Attraktiv wird das Produkt nicht nur durch die Kooperation zwischen Kunden und Designer, sondern auch durch die begrenzte Verfügbarkeit der Produkte und die angemessene Preispolitik.

Weitere Belege für das Ergrünen des Designmarktes:

- **Kult-Sofas von glücklichen Rindern:** Fröhliches Revival feiern Design-Klassiker wie zum Beispiel die Sofas der Schweizer Nobelmarke de Sede. Nur Rinder und Bullen süddeutscher und schweizerischer Herkunft – angeblich genießen die Viecher in diesen Regionen die besten Zuchtbedingungen – sind den Möbelmachern für die offenporige und atmungsaktive Verarbeitung gut genug. Ob alte Insekteneinstiche oder neue Flecken, die Erfahrung zeigt, dass klassische De-Sede-Sofas selten auf dem Sperrmüll landen. Im Gegenteil: Sie bringen, auch wenn sie in die Jahre oder Jahrzehnte gekommen sind, rinderwahnsinnig hohe Preise bei Auktionen, abhängig natürlich vom Zustand des Objektes und auch von der Zahl der Bieter. Im Juni ging ein Exemplar des De-Sede-Modells DS 1025, das der Schweizer Designer Ubald Klug in den 1970er Jahren entworfen hatte, beim Auktionshaus Quittenbaum für 1.000 Euro weg. Im vergangenen Jahr wurden für zwei Stücke gar 3.200 Euro geboten. Der Neupreis liegt um die 7.500 Euro pro Sofa. Die Begehrlichkeit basiert vielleicht auch auf der Prominenz diverser Besitzer und Besetzer. Zum Beispiel Mick Jagger. Der Alt-Rocker ritt in den 1970ern schon auf Terrazza herum. Das gleiche Sitzmöbel stand in der damals angesagtesten New Yorker Diskothek, im „Studio 54".

- **Recycelte LKW-Planen für die Generation Umhängetasche:** Dass man mit Recycling-Design ein international gut florierendes Unternehmen aufbauen kann, haben die Schweizer Brüder Daniel und Martin Freitag bewiesen. Längst sind ihre nicht ganz preiswerten Taschen aus alten LKW-Planen Kult. Die nächste Stufe heißt jetzt Sustainability-Design und wird ebenfalls in der Schweiz entschieden vorangetrieben. Vincent Schertenleib und Sergio Streun von der Kreativschmiede 366 cm (www.366cm.com) kreieren so erfolgreich aus verbrauchten Telefonkarten stylische Wandhaken und kleine Bilderrahmen, aus alten DVD-Hüllen individuelle Vogelhäuschen und aus Altpapier – im wahrsten Sinne des Wortes – Papierkörbe, dass 366 cm mittlerweile zum Dauergast in Design- und Lifestyle-Magazinen und -Weblogs geworden ist.

- **Recycling-Stil – Klamotten aus alten Bettbezügen:** Immer beliebter werden auch umgestylte Secondhand-Klamotten. In der Szene-Hauptstadt Kopenhagen gibt es kaum noch eine Fashion-Boutique, die nicht von Designern umgenähte und abgeänderte gebrauchte Kleider zu Höchstpreisen anpreist. Aber auch in Deutschland schnappen sich immer mehr Jungdesigner alte Stoffe, um aus ihnen neue Kollektionen zu kreieren. Luxusbaba (www.luxusbaba.de) ist ein solches Recycling-Modelabel, das hippe, szenetaugliche Fashion aus gebrauchten Textilien zaubert. Ähnlich bahnte sich der Erfolg des Frankfurter Labels Ketchup & Majo (www.ketchupundmajo.de) an. Die erste Kollektion von Janina Meyer bestand aus alten Bettbezügen, die sie auf dem

Flohmarkt kaufte und zu Röcken, Hosen oder Shirts umarbeitete. Gleiches Prinzip, anderer Look: In Anlehnung an das Recycling-Motto „Ich war eine Dose" schneidert die Frankfurterin Jutta Heeg in ihrem Concept-Laden „Ich war ein Dirndl" (www.ichwar-eindirndl.de) aus alten Trachten moderne Röcke, Oberteile, Kleider. Der nächste Schritt, dass die Models auf den internationalen Fashion Fairs neu gestylte Mode aus dem Altkleidercontainer präsentieren, ist sicherlich längst gemacht.

Die Versöhnung des Unversöhnlichen: Die Autoindustrie denkt um

Die Frankfurter IAA stand im Jahr 2007 ganz im Zeichen der alternativen Antriebstechnologie und der CO_2-Debatte. Innerhalb eines Jahres erfolgte der komplette Umschwung. Fuhren bis vor Kurzem die deutschen Automacher trotzig an dem Thema Hybrid vorbei, gibt es mittlerweile kaum noch eine Pressemitteilung aus Zuffenhausen, Neckarsulm oder Wolfsburg, die nicht das CO_2-Thema als Aufmacher benutzt. Was früher von den Automobilisten, der Leitbranche der Massenwohlstandsgesellschaft als abseitige Freakshow abgetan worden wäre, wird heute mit Ernsthaftigkeit zur Kenntnis genommen. Selbst die automobile „LA Design Challenge" widmete sich im vergangenen Jahr dem Thema Nachhaltigkeit und Design. Der Design-Futurismus von der Westküste schaute nicht mehr nur auf die steilsten Kotflügel-Konstruktionen oder die astronomischsten PS-Zahlen. Man widmete sich der Frage, wie der Öko-Trend in zukunftsweisendes Design umgesetzt werden kann. Die Auflagen: Die präsentierten Fahrzeuge müssen allesamt recyclebar und vom Grundprinzip her mindestens fünf Jahre lang gebrauchsfähig sein. Bei Mercedes hört ein Entwurf für einen ökologisch korrekten „SL" für das Jahr 2020 dann auf den putzigen Namen „Recy". Die Karosserie besteht überwiegend aus Holz und wird am Ende seiner Tage zu großen Teilen auf dem Komposthaufen landen. Die Bauteile eines ökologischen BMW-Minis zerfallen zu Biodünger, der wiederum, auf einem Acker untergegraben, wunderschöne Palmen als Gegenmaßnahme zum Klimakiller Kohlendioxid sprießen lassen wird. Und selbst einschlägige Öko-Dreckschleudern wie die SUV-Marke „Hummer" lassen die Öko-Fantasie spielen und liefern den Geländewagen „Vision O_2" komplett aus recyceltem Material. Mehr noch: Die mit Algen durchmischten Karosseriebleche betreib Photosynthese, erzeugen also Sauerstoff, sodass aus den Abgasschleudern ein besonders bizarrer „Lufterfrischer" wird, wie *Spiegel-Online* berichtete. Mit solchen Visionen grüner Autoästhetik hat auch eine der letzten und traditionellsten Branchen den Trend Neo-Ökologie entdeckt.

Die Mode verdient längst gutes Geld mit der Devise „Greening the catwalk". Angeführt in den USA von American Apparel, aber auch gestützt durch Stella McCartney in Großbritannien lautet hier das Motto: „Less of the hippy and more of the hip." Grünes Design wird vorzeigbar und verlässt die Bannmeile der Eine-Welt-Läden und ideologischen Gesundheitsapostel. Öko-Chic wird allgegenwärtig, versteckt sich nicht länger. Besonders auch in der Architektur setzt sich der Greenstyle-Trend immer selbstbewusster durch. In seinem Buch *The Total Beauty of Sustainable Products* („Die vollkommene Schönheit nachhaltiger Produkte") hat Edwin Datschefski festgehalten, wie stark sich der Trend im Öko-Design in den vergangenen Jahren entwickelt hat: Dinge wie Kunststoffe aus Getreidestärke, völlig ungiftiger Polsterstoff, extrem energiesparende Lampen, recycelte Computer und Fassadenverkleidungen aus Solarzellen.

Innen wie außen durch und durch grün

Verbraucher legen immer größeren Wert auf Verpackungsdesign, sowohl hinsichtlich der Gestaltung wie in Bezug auf dessen Nachhaltigkeit. Produkte der Zukunft müssen die Anforderungen ethisch und ökologisch korrekt, aber immer auch gestylt erfüllen. So ist ungefähr ein Drittel der US-Bevölkerung der Ansicht, dass Verpackungen nicht nur möglichst klein ausfallen sollten, sondern auch besonders umweltfreundlich. Dass auch in Europa die Ökologie von Verpackungen zum Kauf- respektive Nichtkaufgrund werden kann, zeigt ein aktuelles Beispiel aus der Schweiz. Cailler (Nestlé) relaunchte die Hülle seiner Schokolade und löste mit der neuen, umweltunfreundlichen und umständlichen PET-Verpackung Boy-kotte bei den Eidgenossen aus. Einzelne Retailer wie Denner nah-men die Cailler-Schoggi umgehend aus dem Sortiment. Insgesamt ging der Umsatz zwischen Februar und August 2006 um knapp 30 Prozent zurück, sodass Nestlé 2007 wieder zu der ursprüngli-chen Hülle zurückkehrte.

Egal ob in Tasmanien aufgefangenes Regenwasser, Wasser aus dem ewigen Eis Islands oder Wasser vom japanischen Berg Rokko No – kein anderes Getränk hat in den vergangenen Jahren eine solche Aufwertung in der Gastronomie erfahren wie das Wasser. Wasser ist das LOHAS-Getränk par excellence: Es ist gesund und vermittelt Ursprünglichkeit und Einfachheit. Beim Hype des Mine-ralwassers spielt jedoch mehr und mehr das Design eine tragende Rolle. Das edle Behältnis für das norwegische Edelwasser Voss hat Calvin Kleins Designer Neil Kraft entworfen, Designer Ross Lovegro-ve wurde für das walisische Premiumwasser Ty Nant tätig. Heute geben sich Marken wie Ogo aus Holland oder Antipodes aus Neuseeland eine ästhetische Anmutung, wie sie für Cognac, Wodka oder gar Flakons für Parfüm en vogue sind. Selbst einfache Tafelwäs-ser, wie das aus Osnabrück stammende „ea", werden für die Green-Glamour-Fraktion aufgehübscht. Derzeitiger Höhepunkt im Wettbe-werb um das exklusivste Gebinde ist das Wasser Bling H_2O aus den USA. Verziert mit Kristallen des österreichischen Unternehmens Swarovski, avancierte die Quelle Dandrigde aus Tennessee bei der zahlungskräftigen Klientel zum Favoriten – trotz oder wegen des Preises zwischen 60 und 85 Euro für 0,75 Liter. Aber auch traditio-nelle Marken wie Apollinaris, Gerolsteiner oder die Gräfin Marian-nen Quelle aus Deutschland haben längst auf edle Gläser umgestellt. Die Marke Arienheller hat für das Berliner Gourmetrestaurant First Floor sein Wasser in 3 Liter fassende Doppelmagnum-Champag-nerflaschen abgefüllt.

Stil mit gutem Gewissen

LOHAS ist eine design- und stilbegeisterte Bewegung, deren Lust auf Konsum in dem Maße wächst, in dem das Produkt nicht nur durch einzigartige Gestaltung heraussticht, sondern zusätzlich einen ethischen Mehrwert kommuniziert. So können nun auch Liebhaber von großen Marken ohne schlechtes Gewissen avancierte Designwaren kaufen. Über das Netzwerk RED haben sich bisher sechs internationale Brands (u.a. Gap, Motorola und Apple) zusammengeschlossen und bieten spezielle Produkte mit ökologisch-sozialem Mehrwert an. Wer etwa einen knallroten iPod-Nano kauft, zahlt genauso viel wie für ein herkömmliches Gerät in Schwarz oder Silber, doch zehn US-Dollar gehen automatisch an den Global Fund. Und alle, die sich eine American-Express-Red-Kreditkarte zulegen, spenden automatisch 1 Prozent der getätigten Bezahlungen an den Fonds zur Bekämpfung von Aids, Malaria und Tuberkulose. Und auch wer auf das Rad umsteigt, darf sich ein bisschen besser fühlen. Radeln? Sehr gern! Aber bitte mit Stil, lautet die Devise. Deswegen wird Fahrradfahren immer komfortabler. Mit schicken ultraleichten Carbonrädern, trendigen Cityrädern mit unterstützendem Elektromotor oder bunten Liegerädern waren die Anbieter auf der diesjährigen Fahrradmesse IFMA in Köln vertreten. „Der Fahrradmarkt wächst seit Jahren konstant mit 4,5 Millionen Einheiten pro Jahr sehr stabil", frohlockt der Geschäftsführer des Zweirad-Industrie-Verbands Rolf Lemberg. Damit dieser Trend auch weiterhin anhält, lassen sich die Hersteller einiges einfallen. Zusätzliches Marktpotenzial sieht der Verbandschef vor allem bei den sogenannten Pedelecs. Das sind Fahrräder mit eingebautem Rückenwind, die bis 25 Stundenkilometern den Fahrer mit Motorkraft unterstützen, im Großstadtverkehr eine interessante Alternative zu Auto und Motorrad.

LOHAS-Ästhetik: individuellere Produkte, Pimp my Life und Selbermachen

Ob Büro oder Garage, letzte Ruhestätte oder Videoclip – der Amerikaner mag es ausgefallen und mit persönlichem Touch. „Consumer

Generated" ist zweifelsohne das Buzz-Word des vergangenen Jahres. Die Produktion aller nur möglichen Waren und Dienstleistungen scheint der Konsument selbst übernommen zu haben. Erinnern wir uns an das Jahr 2004. Der Musiksender MTV startete seine Fernsehshow „Pimp my Ride" – zu Deutsch so viel wie „Motz meine Karre auf" – und löste damit die Pimp-my-Welle aus. Mehr nach Gangster als nach KFZ-Freaks aussehende Jungs eroberten die Mattscheibe und brachten nicht nur mit aufgemotzten Karren die Fantasie jedes Autofreaks zum Glühen, sondern lieferten uns auch das Vokabular für einen neuen Lifestyle-Trend: das Pimpen. Kaum einer hätte damals gedacht, dass „Pimpen" bald wie selbstverständlich in unseren Wortschatz und Alltag gehört. Der deutsche Markt reagierte im April 2005 mit der Persiflage „Pimp my Fahrrad", gab dem Trend damit eine Portion Humor und nahm auch denen mit Unkenntnis über Endschalldämpfer und Antipathien gegen Gang-Getue die Angst vor dem Pimpen. Das ist mittlerweile geradezu gesellschaftsfähig geworden. An die ursprüngliche Bedeutung des Pimps, des Zuhälters, oder des „to pimp" – kuppeln – denkt heute keiner mehr. Pimpen ist gesellschaftsfähig geworden. Doch gänzlich losgelöst darf der Pimp-my-Life-Trend von der ursprünglichen Bedeutung nicht betrachtet werden.

Indem wir uns intensiv mit einem Produkt auseinandersetzen, verkuppeln wir uns wieder mit der Welt. Heißt: Die materielle Warenwelt und ihr Herstellungsprozess sind uns entfremdet, und in dem Moment, wo wir das neue Auto mit unseren Accessoires bereichern, machen wir sie uns wieder zu eigen. Es ist aber auch das Gefühl, die Welt im Kleinen ein bisschen besser zu machen, sich einzubringen, das uns Pimpen lässt. Denn: So individuell wie irgend möglich, so originell wie erdenklich soll unser Alltag sein. Durchs Veredeln, Schmücken und Ausstaffieren erhalten die Dinge einen persönlichen Touch und bekommen eine ganz private Note. Und das kreative Handeln gibt neues Selbstbewusstsein und ist auch ein Stück Selbsterfahrung – eine Bestätigung abseits des normalen Alltags. Eine Bestätigung, die nach dem Pimpen natürlich auch von der Umwelt eingefordert wird. Wer pimpt, zeigt, dass er etwas besser als die anderen kann. Nicht zuletzt funktionieren gepimpte Dinge meist ja auch besser, etwa wenn das selbstgenähte Täschchen den iPod vor Kratzern schützt oder das reparierte Fahrrad sich durch den neuen Lenker bequemer fahren lässt. Das Selbermachen als solches ist natürlich kein ganz neuer Trend, die Do-it-yourself-Bewegung tobt sich schon seit Längerem in Baumärkten und Bastelshops aus. Neu ist jedoch das Implementieren der Ideen in Produkte, die auch ohne Pimp ihren Zweck erfüllen würden.

Für die Designer ist der Pimp-Trend ebenfalls eine Herausforderung. Schließlich werden ihre Kreationen nachträglich verändert – nicht immer im Sinne des Erfinders. Angebote an die breite Masse, den Artikel bereits vor dem Kauf mitzugestalten und zu individualisieren, sind daher stark im Kommen. Legendär ist mittlerweile der Nike ID – und immer noch brandaktuell. Die Sneaker oder Turnschuhe können seit Anfang 2001 online individuell farblich gestaltet werden. Nur das Modell steht fest. Ganz nach Lust und Laune können auch die Adicolor Turnschuhe von Adidas verändert werden. Ursprünglich schon mal Anfang der 1980er Jahre auf dem Markt, wurde der Adicolor 2006 neu aufgelegt. Allerdings mit mehr Optionen: Konnte damals nur ein weißer Turnschuh mit wasserfesten Filzstiften bemalt werden, gibt es jetzt verschiedene Modelle und sogar Kleidung, die sich mit einer ganzen Kollektion von Adicolor-Stiften, -Farben und -Spraydosen farblich individuell gestalten lassen. Basierend auf der Idee von Nike und Adicolor arbeitet auch seit neustem Volkswagen. „Beetle Art" heißt das Projekt, für das die vier Künstler Jamie, Cullen, Parra, Madeleine Rogers sowie Steve Wilson Illustrationen entworfen haben, die der Kunde je nach Wunsch farblich verändern kann. Außerdem stehen die Cabrio-Version sowie die Grundfarbe des Autos zur Wahl.

Damals wie heute steht der Kampf gegen Konformität und Konventionen im Vordergrund – einst aus ablehnender Haltung gegenüber herrschenden Normen, heute, um die eigene (LOHAS-) Persönlichkeit herauszustellen. Damit ruft der Automobilhersteller nicht nur den Ur-Slogan der neuen Bewegung „Pimp my Car" ins Gedächtnis zurück, sondern erinnert auch an die Quasi-Vorgänger der Pimp-Bewegung – die Hippies. Den alten Käfer oder auch den VW-Bus, den sogenannten Bulli, anzumalen, ist bei den Blumenkin-

dern etwa so obligatorisch gewesen wie heute der individuelle Klingel-
ton des Handys. Immer mehr Markenhersteller ermöglichen den
Kunden via Internet, ihren Produkten den letzten Schliff zu geben.
Und: Deren Gestaltungswut ist noch lange nicht erschöpft. Einfalls-
reichtum, persönlicher Zeit- und Arbeitseinsatz sowie die Liebe zum
Detail sind ganz wichtige Elemente im Pimp-Prozess. Doch nicht
jeder hat natürlich die Gabe, Muße und Ausdauer sich Applikationen
auf T-Shirts zu nähen oder Regale umzubauen. Diejenigen brauchen
Pimp-Unterstützung, Anregungen und Hilfsmittel, um aus einem
08/15-Produkt ihr persönliches Lieblingsstück zu zaubern.

Die kreativsten Umsetzungen des Pimp-Trends zeigen Nach-
wuchsdesigner wie Ding3000 (www.ding3000.com). Sie haben
schnell den Zeitgeist des Wortspiels erkannt und standen bereits
2005 mit „Pimp my Billy" auf der „Tendence-Lifestyle"-Messe in
Frankfurt. Das gleichzeitig bei allen geliebte wie gehasste IKEA-Regal
wird durch spezielle Einlegeböden zu „Billy Wilder" (mit einem
atypischen Brett) oder „Billy Heidenreich" (mit Lesepult) gepimpt.
Industriedesigner Henrik Drecker hat für seine Diplomarbeit ein
Balkon-Pimp-Set (www.pott-spot.de) kreiert. Ideal für Mietskasernen
wird der Blumenkasten zum Grill, das Tablett zur Tischdecke und die
Lampe wird von innen mit Strom versorgt und beleuchtet die
Grillparty aus dem Wohnzimmer heraus. Pimp my Toilet ist Kunst für
den Arsch und mit den Klosettdeckel-Aufklebern des Hamburgers
Oliver von Quast möglich. Die Pott-Spots verleihen jeder Toilette mit
Kunst- oder auch Kitschmotiven neuen Glanz. Die Aufkleber sind
ebenso leicht anzubringen wie zu entfernen. Es besteht zudem die
Möglichkeit, ein Motiv bei Pott-Spot in Auftrag zu geben und den
Lokus nach ganz eigenen Ideen zu gestalten.

Und wenn der „User" schon nicht selbst seinem kreativen
Tatendrang freien Lauf lassen kann, legt er (gerade deshalb wieder)
mehr Wert auf Design und anspruchsvolle Produktgestaltung.

Best Practices aus der Welt der LOHAS, Pimper und Individuali-
sierer:

- **Krawatten aus dem Rotlichtviertel und Regionales aus Omas
  Kochbuch**: Schweizer Banker kaufen ihre Krawatten im Rotlicht-

viertel. Dort hat Seidenfabrikant André Stutz sein Domizil. Zusammen mit seinen beiden Schwestern machte er sich vor rund 30 Jahren selbstständig und gründete die Firma Fabric Frontline (www.fabricfrontline.ch). Beim Rohstoff setzt das Trio auf beste Qualität aus China, kreiert aus edelster Seide u.a. Krawatten, eine so ansehnlich wie die nächste, von dezent bis stark gemustert, ob Streifen, Tiere oder Steine. Jede ist Seide pur und Handarbeit wie alles bei Fabric Frontline. Und für Entscheider die reinste Qual bei der Auswahl. Für die hohe Güte ihrer Waren ist die Züricher Designwerkstatt berühmt. Die Qualität macht auch bei Fabric Frontline den Unterschied, gerade bei Krawatten. Da liegen die Züricher auf einer Stufe mit Kultmarken wie Hermès oder Marinella, bei den Preisen jedoch moderater mit gut 100 Euro pro Schlips. „Wir wollten die Sinnlichkeit des Materials, das Spiel mit Farben und Formen und unseren Handarbeitsfanatismus voll ausleben. Drum machten wir uns selbstständig", erzählt Mitinhaber André Stutz. Der „Seidenclan von Zürich", wie die drei inzwischen auch genannt werden, hat denn auch 1a- Qualität in Uni für feinste Roben und aufwendige Drucke zu seinem Markenzeichen erkoren. Und vor, während oder nach dem Einkauf kehrt die solvente Kundschaft im Seidenspinner Restaurant ein. Hier kommt neu interpretiert und jeden Tag frisch auf den Tisch, was schon die Großmutter des Trios kochte – alle Zutaten von Kleinbauern aus der Region und kontrolliert biologisch wirtschaftenden Betrieben natürlich.

- **Individuelle Entwürfe für das letzte Zuhause**: Die Individualisierung des Designs hat aber nicht nur die Produktwelten verändert, sondern gilt für alle Lebensbereiche – auch für den Tod. Immerhin geben die Amerikaner im Durchschnitt 11 Milliarden Dollar jährlich für die sogenannte Death-Care-Industrie aus. Im Geschäft mit Urnen ist noch gestalterischer Spielraum. Die Website „Funeria" gehört zur neu eröffneten Kunstgalerie „Art Honors Life" im kalifornischen Graton, wo kunstvoll gefertigte Aschegefäße ausgestellt und verkauft werden. Die Preise bewegen sich zwischen 250 und 3.200 Dollar. Ein zukunftsträchtiges Geschäft, denn 32 Prozent der US-amerikanischen Bevölkerung wollen nach ihrem Tod kremiert werden. Im Jahr 2025 soll es gar die Hälfte sein. Dann wird auch das originellste Stück der Ausstellung einen Abnehmer finden: das Urn-A-Matic, ein ausrangiertes Staubsauger-Urnenmodell mit integriertem Bildschirm, auf dem Home-Videos, begleitet von dem Song „Seasons in the Sun", abgespielt werden (www.funeria.com).

Trendbriefing: Was Sie bedenken müssen ...

- Es wächst zusammen, was bis vor Kurzem als schlechterdings unvereinbar galt: Modernes Design und ökologischer Anspruch. Die LOHAS sind eine Konsumavantgarde, die Form und Verantwortung nicht mehr trennen möchten. Zeitgemäßes Design ist ein Design, das tief in der Realität verwurzelt ist, und deshalb ist gutes Design grünes Design.
- Design matters. In der Greenomics hat Design wieder eine Aufgabe und Funktion. Design wird auch auf den Öko-Märkten immer häufiger die Funktion des Entscheidungsträgers einnehmen. Design entscheidet in der Greenomics darüber, welches Unternehmen Marktführer wird und welches nicht.
- Design liefert sich den Bedürfnissen der Menschen aus, statt elitär Trends vorzugeben. Die Konsumenten möchten aktiver Teil des Gestaltungsprozesses sein, nicht das Opfer von Geschmäcklertum: Pimp my Life!

5. Mode: Von den Öko-Stoffwindeln zur nachhaltigen Designer-Klamotte

Aufgerüttelt durch Berichte in Massenmedien und Weblogs über unmenschliche Arbeitsbedingungen in sogenannten Sweatshops, Kinderarbeit oder pestizidbelastete Baumwolle, beschränken die Verbraucher ihren „bewussten" Konsum nicht länger nur auf Lebensmittel und Food. Der grüne Lebensstil verändert auch die Modebranche. Kaum ein Hollywood-Star, der sich nicht mit viel Rummel und Getöse für ein Entwicklungshilfe- oder Umweltprojekt engagiert und seinen neugrünen Lebensstil nach außen trägt. Julia Roberts hüllt ihren Nachwuchs nur in Öko-Stoffwindeln. Cameron Diaz und Cate Blanchett tragen laut der Zeitschrift *Gala* Bio-Baumwollsachen von Stewart+Brown, Fairtrade-Jeans von Edun oder giftstofffreie Kleidung von Ciel. Eine „grüne Ausgabe" der *Vanity Fair* im Frühjahr 2007 war so etwas wie das schriftliche Zeugnis für die neue Öko-Bewegung. Das Cover zierten unter anderem die Schauspielerin Julia Roberts – verkleidet als Mutter Natur –, George Clooney und der frühere US-Vizepräsident Al Gore.

Gut verdienende junge Großstädter folgen den Promis gern, sowohl in den USA als auch in Europa. Das liegt auch daran, dass es anders als in den bürgerbewegten 1980er Jahren durchaus in Ordnung ist, sich mit guten Taten selbst in Szene zu setzen. Mittlerweile produziert der Kampf um Gerechtigkeit sogar eigene Stars – wie Designer Charney oder U2-Sänger Bono, der sich mithilfe seines sozialen Engagements ein neues Image zulegte. In den USA und Großbritannien wächst die Zahl von Geschäften exponentiell, die fair hergestellte Kleidung ins Programm nehmen. So stieg der Absatz von Bio-Modeboutiquen seit 2004 jährlich um über 35 Prozent. Laut Organic Exchange, einer Lobbygruppe für Bio-Wolle, wurden im Jahr 2006 organische Textilwaren im Wert von mehr als einer Milliarde Dollar verkauft. Ein Markt, den sich auch etablierte Marken und Labels nicht länger entgehen lassen wollen. Und so steigt, nicht zuletzt seit die Mainstream-Marken das Potenzial des Öko-Markts entdeckt haben, die Nachfrage nach Bio-Baumwolle kontinuierlich an.

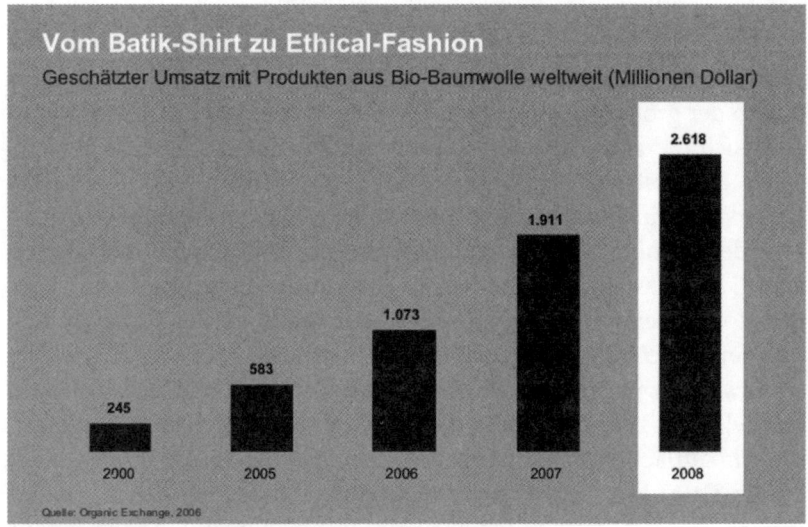

Vom Batik-Shirt zu Ethical-Fashion
Geschätzter Umsatz mit Produkten aus Bio-Baumwolle weltweit (Millionen Dollar)

Quelle: Organic Exchange, 2006

Abbildung 18: Vom Batik-Shirt zu Ethical-Fashion

Social Wear: Moral wird Mode, auch bei Modediscountern und Vertikalisten

Katherine Hamnett (www.katherinehamnett.com), bekannt für ihre politischen T-Shirts, war eine der ersten, die Ethik, Umweltschutz und Luxus kombinierten und damit den Weg für all die Newcomer der Feel-Good-Fashion geebnet haben. Ali Hewson, Modedesignerin und Gattin des Öko-Popstars Bono, betont, dass es nur eine Frage der Sensibilisierung sei: Zehn Jahre zuvor hätte sich niemand für die Qualität von Lebensmitteln interessiert, und nun würden die Leute beginnen, selbst die ökologisch korrekte Herkunft ihrer Kleidung zu hinterfragen. Heute ginge es nicht mehr allein darum, gut auszusehen, sondern sich in seiner Kleidung auch gut zu fühlen – sowohl physisch wie psychisch. „Social Wear" gewinnt auch hierzulande an Bedeutung.

Aber auch Kunden mit weniger gut bestückten Portemonnaies können, dem Öko-Trend folgend, auf ihre Kosten kommen, denn Hersteller und Händler reagieren mit Blick auf satte Umsatzzuwächse auf das nachhaltige Anliegen der Kunden. Während der Versandhändler Otto in den vergangenen Jahren nur wenig Öffentlichkeitsarbeit für sein Umweltengagement machte (das Unternehmen zählt weltweit zu einem der größten Anbieter von Textilien aus Bio-Baumwolle), fokussiert sich die aktuelle Kollektion 2007 ganz auf das Thema ökologisches Bewusstsein. Repräsentativ steht Top-Model und Greenpeace-Unterstützerin Tatjana Patitz Pate für die „Saison des guten Gefühls". Und der Hamburger Versandhändler bewirbt damit nicht nur offensiv sein Qualitätssiegel für Bio-Baumwolle. Für seine grüne Linie „Pure Wear" verarbeitet Otto seit 1999 Bio-Baumwolle aus der Türkei, Indien und seit Neuestem auch aus China.

Zwar hat man das erste Ziel 1.000 Tonnen noch nicht erreicht (aktuell 300 Tonnen), aber „der Markt entwickelt sich sehr positiv, die Anbauflächen haben zugenommen, die Nachfrage steigt", heißt es bei Otto. Ein neues Projekt „Cotton – made in Africa" wurde jüngst gestartet. Zudem hat der Hamburger Versandhändler gerade seinen Nachhaltigkeitsbericht 2007 veröffentlicht. Dieser legt dar, wie Ökonomie, Ökologie und soziale Verantwortung miteinander in Einklang zu bringen sind. Es geht um Klimaschutz durch verbesserte Logistik, Papier aus FSC-Holz, Energiespargeräte, Zusammenarbeit mit NGOs und natürlich Öko-Textilien. Ab Frühjahr/Sommer 2008 will Otto sein bisheriges Engagement mit Bio-Baumwolle ausweiten und seine Marke „Pure Wear" relaunchen. Es sollen dann 5 Prozent des gesamten Textilsortiments (ausgenommen Markenware) aus Bio-Baumwolle bestehen. Gespannt darf man auf das Design sein, denn bisher kamen die Pure-Wear-Artikel eher bieder daher. Neben aktiver Konsumentenaufklärung bezüglich Umweltschutz, Nachhaltigkeit und sozialer Verantwortung des Otto-Versands werden Veranstaltungen wie etwa die viertägige Zukunftswerkstatt „Fair Future Factory" organisiert, die Anfang Januar 2007 stattfand. Rund 100 Jugendliche aus 19 Ländern setzten sich dort unter dem Motto „Design your world" kreativ und kritisch mit den Themen Mode und Nachhaltigkeit auseinander.

Auch H&M (www.hm.com) hat den Trend erkannt und eine „organic cotton"-Kollektion auf den Markt gebracht: geradlinige Basics für Frauen, Teens, Kinder und Babys, „ein Verkaufsschlager", wie das Unternehmen zum Start in Hamburg verkündete. Während H&M im Jahr 2005 knapp 30 Tonnen Bio-Baumwolle verarbeitete, sollen es 2007 bis zu 600 Tonnen werden. Doch davon erfährt der Kunde bislang wenig. Dass Kylie Minogue für Bademode wirbt, ist an jeder Bushaltestelle erkennbar. So viel PR-Aufwand wird für die Kollektion aus Bio-Baumwolle indes nicht gemacht. Das Gleiche gilt für die Kooperationen von H&M mit Unicef zur Bekämpfung von Kinderarbeit und zur Förderung von fairen Arbeitsbedingungen.

C&A setzt mit einem umfassenden Sortiment aus 100 Prozent Bio-Baumwolle seit September 2007 in rund 204 europäischen Filialen Standards. Das Angebot umfasst eine breite Palette von modischen Bio-Baumwollprodukten für Damen, Herren und Kinder inklusive Jeans, T-Shirts, Sweatshirts, Unterwäsche und Babybekleidung. Aber das soll nur der Anfang sein. Ab März 2008 wird C&A sein Angebot an 100 Prozent Bio-Baumwolle deutlich erweitern. Damit schafft es C&A, einer breiten Kundenschicht in 16 europäischen Ländern Produkte aus 100 Prozent Bio-Baumwolle zu bezahlbaren Preisen zugänglich zu machen. C&A bewirbt unter der Bezeichnung „Bio Cotton" zertifizierte Bio-Baumwolle, die entsprechend den Standards der europäischen Eco-Richtlinie angebaut wird. Gekennzeichnet wird die Öko-Kollektion mit einem speziell dafür entwickelten Bio-Cotton Label. Beschlossen ist, den Anteil reiner Bio-Baumwolle innerhalb des Gesamtangebotes kontinuierlich zu steigern. 1.200 Tonnen im Herbst dieses Jahr, 6.000 Tonnen im kommenden Jahr.

Weitere Marken mit deutlichem Green-Appeal:

- Die Jeans-Marken Levi's (www.levi.com) und Mavi (www.mavi-jeans.com) haben eigene Organic-Cotton-Linien lanciert.
- Marc O'Polo (www.marc-o-polo.com) hat ebenfalls seit Neuestem unter dem Motto „Nature's Simplicity" eine kleine Kollektion an Bio-Shirts und -Strickwaren im Angebot.
- Speziell auch im Bereich der Sports- und Streetwear scheint Ethical Fashion sich mehr und mehr durchzusetzen: Bereits im vergangenen Jahr startete eine Kooperation zwischen Loomstate und dem Skaterschuh-Label Vans (www.vans.com), aus der eine Schuhserie in Öko-Qualität hervorging.

- Der australische Surf-Brand Roxy, die Frauen-Linie des Skate-, Snow- und Surflabels Quicksilver, setzt Bio-Baumwolle für die T-Shirt-Produktion ein.
- Weil im Outdoor-Fashion-Bereich viele technische Stoffe eingesetzt werden, setzt der Ausrüster Patagonia (www.patagonia.com) auf Wiederverwertung und stellt seine Sportbekleidung aus recycelten Materialien her.

Top-down: Stars und Prominente ebnen den Weg der Öko-Mode auf den Massenmarkt

Die Herkunft der Kleidung wird zu einem immer wichtigeren Argument im Mode-Business. Dass Otto & Co. gerade jetzt mit sozialer Verantwortung derart in die Offensive gehen, ist natürlich kein Zufall. Zum einen steht das Gebot der Corporate Social Responsibility stärker denn je im Fokus der Öffentlichkeit. Zum anderen werden speziell in der Mode-Branche die Faktoren Ethik und Gesundheit für die Konsumenten immer wichtiger. Das Bedürfnis zu wissen, woher die Produkte kommen, ob sie gesund sind und fair produziert wurden, zieht sich in alle Lebensbereiche hinein. So gaben 60 Prozent aller US-Amerikaner bei einer Umfrage des Natural Marketing Institute an, dass das Sozial- und Umweltengagement eines Unternehmens positiven Einfluss auf ihr Kaufverhalten habe. Und auch für jeden zweiten Deutschen hört das Thema Öko-Qualität nicht bei Karotten auf, so eine Forsa-Umfrage.

Umweltbewusstsein hat das Lager schlecht gekleideter Protestler verlassen und auf die roten Teppiche dieser Welt geschafft. Die Initialzündung dafür kommt von ausgeprägten Hedonisten: von Stars und Modedesignern der Lifestyle-Szene. Plötzlich ist es cool, den Planeten zu retten – sonst macht es ja keiner. Natürlich funktioniert auch der Nachahmungseffekt bei den Konsumenten, wenn sie sehen, dass sich Hollywood-Stars wie Leonardo DiCaprio oder Meryl Streep als „Eco-Fashionists" outen.

Modisches Erfolgsrezept: Sexyness und Respekt

Kleidung hat ihren muffigen Öko-Touch abgelegt, spätestens seit Streetwear-Labels, Luxusmarken und namhafte Designer ihren Beitrag zu ökologischer Sexyness leisten – darunter Nike, Hermès, Oscar de la Renta und Diane von Fürstenberg. Auch Stars bekennen sich zur Öko-Mode. Sienna Miller beispielsweise trägt Jutesandalen von People Tree, und Top-Models wie Joanna Krupa (www.joanna-krupa.com, www.peta.de) ziehen sich einmal nicht für Herrenmagazine, sondern für Plakate der Tierrechtsorganisation Peta aus. Und was macht die Ehefrau eines Popstars, während ihr Mann die Welt rettet? Sie führt ein ethisch korrektes Fashion Label. Edun (www.edun.ie) ist ein gemeinsames Projekt von Bono und Gattin Ali Hewson. Bisher hat die Kollektion nur Lob und Beifall bekommen, denn die Produkte sind definitiv schick und heiß begehrt bei allen Modebewussten. Edun ist nur eine von vielen derzeit in England erhältlichen Marken, die das sozial korrekte Bewusstsein der *fashion victims* ansprechen und maßgeblich an der neuen Bedeutung des Begriffs „green" arbeiten: der Positionierung von umweltfreundlichen Produkten im Luxussegment. Mit einem dezenten und einfachen Slogan fasst Edun seine „Philosophie des Respekts" zusammen: „Respekt vor den Produzenten unserer Kleidung, vor dem Produktionsort, vor den Materialien und vor den Konsumenten". Authentizität ist ebenfalls ein wichtiger Punkt bei Edun, so ist in jedes Paar Jeans die Geschichte, wie und wo die Kleidung produziert wurde, eingenäht.

„Es ist sexy, die Welt verändern zu wollen", sagt U2-Sänger Bono und setzt die Idee „Gut aussehen und damit Gutes tun" konsequent um: Erst hat er mit seinem Namen dem Label Edun zu Kultstatus verholfen und „eine umwelt- und sozialbewusste, aber dennoch ätherisch schöne Kollektion" kreiert. Dann folgte gleich ein weiteres Bono-Green-Glamour-Label: „Red" (www.joinred.com). Dahinter verbirgt sich ein Konzept von American Express, Converse, Gap und nicht zuletzt Armani. 40 Prozent des Gewinns gehen an den Global Fund zur Bekämpfung von Aids, Malaria und Tuberkulose in Afrika. Allerdings musst sich Bono im vergangenen Jahr gegen einige öffentliche Angriffe wegen falschen Managements und Ungereimt-heiten bei der Verteilung der Spendengelder zur Wehr setzen.

Vegane Mode: Von den belächelten Weltverbesserern ins Zentrum des Green Glamour

Manchmal zeugt nur ein Zettel in der Hosentasche vom sozialen Anspruch, ein diskreter, aber wichtiger Hinweis. LOHAS kaufen nicht nur das Kleidungsstück, sondern auch eine Geschichte dazu. Bestes Beispiel sind die Trainingsjacken der peruanischen Marke Misericordia (www.misionmisericordia.com). Ursprünglich waren sie als Uniform für die Kinder einer Schule und eines Waisenhauses in dem Dörfchen Ventanilla mit dem Namen „Nuestra Señora de la Misericordia" gedacht. Zwei Franzosen brachten das Kleidungsstück nach Europa, als dort gerade sämtliche Szenegänger Secondhand-shops nach ähnlichen Sportjacken im Achtziger-Jahre-Stil durch-wühlten. Mit den Verkaufsgewinnen der Misericordia-Version wird in Peru inzwischen eine neue Schneiderwerkstatt finanziert, die Mitarbeiter haben einen sicheren Job mitsamt Renten- und Kranken-versicherung und armen Kindern wird nach ihrem Schulabschluss eine Ausbildung spendiert. Für Marketingfachleute ist eine solche Story ein Geschenk.

Und nicht zuletzt Modequeen Stella McCartney hat mit ihrer „veganen" Kollektion für H&M (sprich ohne jegliche Verarbeitung von problematischen Materialien wie Schurwolle, Seide, Leder oder Pelz) den Weg der Mode mit gutem Gewissen ein Stück weit geebnet. Stella McCartney lebt auf einer Bio-Farm und gibt auf ihrer Website zahlreiche Ratschläge für ein ökologisch korrektes Leben – und sie ist momentan zugleich eine der angesagten Designerinnen der Welt. Nackte Models werben für McCartneys Bio-Kosmetik, ihre Mode nennt McCartney vegan.

Stella McCartney war eine Pionierin auf dem Gebiet der ökosozi-al verantwortungsbewussten Mode: Als die britische Designerin 2001 unter dem Dach des Gucci-Konzerns ihr eigenes Label gründe-te, weigerte sie sich, Pelz und Leder zu verarbeiten (Gucci dagegen macht rund 80 Prozent des Umsatzes mit Leder-Accessoires). Die

Fashion-Branche lächelte über das versponnene Enfant terrible („Klar, Veganerin, klar, Tochter von Tierschützerin Linda Eastman!"). Heute, fünf Jahre später, verarbeitet Stella McCartney immer noch kein Leder und keinen Pelz. Nur die Meinung darüber hat sich geändert. Dass sie ihren Flagship-Store in London mit Windenergie versorgt, ist hip. Dass sie „für Vegetarier geeignet" auf die Sohlen ihrer fleischlosen Schmetterlingspumps druckt, beweist aber auch Humor und Selbstironie. Stella McCartney selbst, ehemals als Öko-Spießerin gebrandmarkt, ist heute die Ikone des Green Glamour.

American Apparel: Wie Moral und Sex eine hippe Marke machen

Dov Charney, der Gründer der Marke American Apparel (www.americanapparell.net), gibt sich gern provokant und hat gleich mehrere unverkennbare Markenzeichen: riesige Brille, Koteletten und Schnurrbart. Und er zieht vor Reportern auch schon mal seine Hose herunter, um zu beweisen, dass er seine fair produzierten Slips wirklich selbst trägt (im erwähnten Fall übrigens rosafarbene). Für die Eröffnung von 100 Filialen und einen Jahresumsatz von 250 Millionen Dollar hat Charney gerade mal zwei Jahre gebraucht. Auch sein Erfolgsgeheimnis lüftet er nur zu gern. Es lautet: sweatshop free. Für seine Basics (T-Shirts, Underwear, Schals, Bademode in riesiger Farbpalette und neuerdings auch Öko-Schick für den Vierbeiner) mit Kultstatus soll niemand in der Dritten Welt für einen Hungerlohn schwitzen müssen, Kinder schon gar nicht. Also lässt Charney seine Näher und Näherinnen vor Ort in Los Angeles schwitzen und bezahlt sie fair, macht dabei aber mit dem einen oder anderen Skandal um seine Person von sich reden. Der deutschen Fachzeitschrift *Textilwirtschaft* präsentierte er sich mit rotschwarzem Wollschal, Kapuzenweste und leicht fettiger Wuschelfrisur. Die Werbeplakate für seine Marke American Apparel entstehen angeblich größtenteils aus erotischen Schnappschüssen aus seinem Privatleben. Charney verkauft jedoch nicht nur über Sex und Coolness – sondern über Moral. Denn das hippe Vorzeige-Unternehmen war auf dem amerikanischen Markt maßgeblich daran beteiligt, dass Ethical Fashion nun zum gutbürgerlichen Lebensstil gehört. Die

Hersteller der Moral-Mode verzeichnen denn auch traumhafte Wachstumsraten. Charney eröffnete 2003 seinen ersten Laden. Heute gibt es weltweit 138, bis Ende des Jahres nach derzeitiger Planung sogar 150 American-Apparel-Shops. Der Umsatz des 5.000-Mitarbeiter-Unternehmens lag im vergangenen Jahr bei 250 Millionen Dollar.

Modische Greenomics: Von Geiz-ist-geil zum ressourcenschonenden Shopping-Erlebnis

Eine Billion US-Dollar geben Konsumenten einer Untersuchung der Cambridge University zufolge jährlich weltweit für Kleidung aus. Jeweils ein Drittel davon wird in Westeuropa sowie in Nordamerika und ein Viertel in Asien umgesetzt. Bei vielen Verbrauchern ist dabei ein ambivalentes Bewusstsein zu beobachten: Einerseits sind sie es seit der globalen Präsenz von Billigketten wie H&M, Zara oder Mango gewohnt, sich mehrfach im Jahr neu einzukleiden. Andererseits möchten sich die Fashion Victims verantwortungsbewusst verhalten und ihren Mode-Jieper nicht auf Kosten von Ressourcen und Arbeitskräften stillen. Aus diesem Dilemma heraus delegieren sie die Verantwortung zurück an die Händler, die in der Green Fashion immer häufiger einen Zukunftsmarkt entdecken. So cofinanzierte der kriselnde Retailer Marks & Spencer (M&S) die Studie der Cambridge University, die unter dem Titel „Well Dressed" die Nachhaltigkeit des Modemarktes in Großbritannien untersuchte. M&S spürt längst den Einfluss der neuen Konsumenten: Die britische Kette registrierte 12 Prozent mehr Absatz, nachdem das Kaffee- und Teeangebot komplett auf Transfair-Produkte umgestellt wurde. Mike Berry, Chef der Abteilung für Corporate Social Responsibility, ist deshalb der Überzeugung, dass Eco-Fashion mittelfristig nicht nur moralisch, sondern auch ökonomisch der richtige Weg ist.

Die neuen Marken: Stil und Engagement fließen ineinander

Welches Potenzial die Öko-Mode für die Fashion-Branche bietet, belegt eine Prognose der amerikanischen Organisation Organic Exchange aus Oakland, wonach allein der Einzelhandelsumsatz mit

Produkten aus Organic Cotton von gegenwärtig 583 Millionen US-Dollar (2005) bis 2008 auf 2,5 Milliarden US-Dollar anwachsen wird. Doch die Annahme, dass es allein mit Kleidung in Öko-Qualität getan sei, täuscht. Den neuen Öko-Fashionists geht es nicht um die eiserne Umsetzung einer idealistischen Überzeugung. Sie wollen Stil mit gutem Gewissen verknüpfen und setzen dabei hohe Erwartungen an das Design. Mit Öko-Mode im Sinne von Batik-Shirt und Latzhose hat die moderne Ethical Fashion nichts am Hut.

Auf dem europäischen Markt wirbelt gerade das neue dänische Label Noir (www.noir-illuminati2.com) eine Menge Staub auf. Schon im Gründungsjahr 2005 lagen die Verkaufszahlen 80 Prozent über den Erwartungen, besonders erfolgreich ist Noir in den USA. Die zweite Noir-Kollektion für den Herbst 2006 begeisterte während der Londoner Fashion Week selbst gestrenge Kritiker wie Suzy Menkes von der *Herald Tribune*. Noir lässt ökologisch korrekte Baumwolle von einer eigens gegründeten Firma in Uganda produzieren. Die Gewinnanteile beider Firmen fließen zurück in die Noir-Foundation, die damit ihre Arbeiter in Afrika mit medizinischer Versorgung, Ausbildungsmöglichkeiten und Kleinkrediten unterstützt. Noir-Gründer und Designer Peter Ingwersen möchte Style und soziales Engagement versöhnen:

> „Es gibt so viel schöne Kleidung und wenn ich es mir genau überlege, braucht man nicht noch mehr davon. Warum sollte ich also in diesem Business arbeiten? Ich kann das für mich nur rechtfertigen, wenn ich gleichzeitig soziale Verantwortung übernehme."

Umweltfreundliche Kleidung war lange „unsexy, hässlich, bestenfalls konnte man sie rauchen", meinte der Designer und Gründer des dänischen Labels kürzlich. Ingwersen ist erfolgreich angetreten, das Gegenteil zu beweisen.

„Grün ist das neue Schwarz", beschreibt auch die Zeitung *Daily Telegraph* den neuesten Modetrend. Mode mit Chic, die unter fairen Bedingungen und aus natürlichen Materialien hergestellt wurde, ist für viele kein Widerspruch mehr. Auch der Designer Philip Stephens bemüht sich, für sein Label Unconditional meist natürliche Stoffe wie Baumwolle, Seide und Kaschmir zu verwenden und mit natürlichen Farben zu arbeiten. Seine Show bei der diesjährigen London Fashion Fair war dann auch ausgesprochen grün: Bevor es losging, hallte Vogelgezwitscher durch den Raum, und der Anfang des Laufsteges, mit Moosen und Farnen geschmückt, schimmerte in grünem Licht. Grün zieht sich als Farbtupfer durch seine gesamte Kollektion – sei es als knallgrüner Lidschatten, Schuh oder Gürtel. Stephens, der Stars wie Madonna, Cameron Diaz, Brad Pitt und David Beckham zu seinen Fans zählt, schickte einige Models sogar mit Holzforke und Gießkanne, aus der Pflanzen ragten, los. Das Publikum dankte es ihm mit Standing Ovations

Auch Brands wie Howies (www.howies.co.uk), Stewart + Brown (www.stewartbrown.com) oder Loomstate (www.loomstate.org) haben die ideologische Öko-Hürde erfolgreich genommen und sind mit ihren stylischen Kollektionen weltweit im Einzelhandel vertreten. Zu den Pionieren zählt selbstverständlich auch das mallorquinische Schuhunternehmen Camper (www.camper.com), dass es ohne Furore und große Media-Etats schaffte, dass jeder plötzlich ein Paar Öko-Schuhe namens Pelotas besaß. Und wer weiß, vielleicht ist „Grüner Chic" aus Lebensmittelresten demnächst der letzte Schrei: Romp ist eine boomende Marke für die sogenannte „new cool old posh"-Bevölkerung. Romp stellt ethisch korrekte Pelzjacken her, die aus Abfallprodukten der Lebensmittelindustrie geschneidert werden. Und natürlich sind nicht nur Erwachsene die Zielgruppe, sondern auch Babys und Kinder: Tatty Bumpkin (www.tattybumpkin.com) ist solch eine wachsende neue, ökologische Lifestyle-Kollektion für Kinder zwischen 18 Monaten und fünf Jahren. Neben Tatty-Bumpkin-Puppen, die sich in jede beliebige Yoga-Position biegen lassen, werden auf der Homepage auch chemiefreie Erste-Hilfe-Kästen verkauft. Angepeilte Zielgruppe hierfür sind eindeutig die modebewussten, Yoga praktizierenden Mittelschichtmütter mit jeder Menge Geld und Zeit für ihre Kinder. Doch gerade im Niedrigpreissegment sind hier noch riesige Marktpotenziale vorhanden. Jüngst hat das Label Green Baby (www.greenbaby.co.uk) mit Flagship-Store im trendigen Notting Hill eine Kollektion für die große britische Supermarktkette Tesco entworfen. Die Bekleidung aus Bio-Baumwolle wird von einer Fairtrade-Kooperative in Indien hergestellt und ist bereits in ganz Großbritannien erhältlich.

Online-Erfolge mit der LOHAS-Mode

E-Commerce ist das Big Business der nächsten Jahre. Auch und vor allem in der Mode-Branche. In den USA wurden im vergangenen Jahr mit Hosen, Röcken, Anzügen und Schuhen 18,3 Milliarden Dollar umgesetzt. PCs, Drucker und Software erreichten hingegen nur 17,2 Milliarden Dollar. Insbesondere vom E-Commerce profitieren junge Fashion Labels mit LOHAS-Werten, sie erhöhen im Netz ihren Bekanntheitsgrad und letztendlich die Nachfrage. Zahlreiche Online-Shops sind bereits auf dem Markt vertreten und versprechen wie etwa The Green Apple (www.thegreen-apple.co.uk) „ethical shopping at it's most stylish". Verkauft wird Kleidung, die nicht in Sweatshops oder durch Kinderarbeit hergestellt wurde und aus recycelten oder ökologisch angebauten Materialien besteht, sowie Kosmetika, die nicht an Tieren getestet wurden. Ein Prozent des Ertrags wird gespendet, etwa an den Naturschutzfonds Tusk Trust. Weitere neogrüne Online-Stores mit Anspruch an Stil und Ethik sind Greenloop (www.greenloop.com), Adili (www.adili.com) oder Gonegreen (www.gonegreen.co.uk). True Fashion (www.true-fashion.com) ist deutschlandweit der bisher einzige Online-Store mit Fokus auf Social Wear.

Verstärkt nehmen auch E-Commerce-Händler mit überwiegend konventionellen Marken die Öko-Modelabels mit in ihr Programm auf und Megamarken etablieren eigene Bio-Fashion-Labels. Dank des Shop-in-Shop-Systems des Online-Services Spreadshirt (www.spreadshirt.net) bieten dort auch immer mehr Jungdesigner Ethical Fashion an. Vor allem T-Shirts von der Cool-Conscience-Marke American Apparel werden hier mit den eigenen Styles und Kreationen bedruckt. Aber auch Streetwear-Shops wie Frontline (www.frontlineshop. de) nehmen Organic Fashion mit ins Programm, etwa die Kleidung des niederländischen Labels Kuyichi (www.kuyichi.com). Der Jeans- und Sweatshirt-Hersteller, den die holländische Fairtrade-Organisation Solidaridad gründete, verdoppelte allein von 2004 auf 2005 seinen Umsatz von 3,4 auf 6,1 Millionen Euro. Für die kommenden zwei Jahre erwartet das Unternehmen Jahresumsätze von 12 bis 14 Millionen Euro. Das Label, das 60 Prozent seiner Kollektion organisch produziert, belegt seine Öko-Bilanz regelmäßig mit Zahlen: 250.000 Paar ökologisch produzierte Jeans, das macht insgesamt 5 Millionen Kilometer organisches Garn, 5.000 Kilo eingesparte Pestizide, 450 fair entlohnte Baumwollbauern in Indien plus 300 in Peru.

Green Fashion in Deutschland: Aus ökologischem Protest-Chic wird langsam ideologiefreie Mode

Während sich in Großbritannien, den USA oder auch in Japan der Trend „Green and Ethical Fashion" längst durchgesetzt hat und ökologisch wie ethisch korrekte Kleidung in Hülle und Fülle erhältlich ist, startet der Öko-Mode-Boom auf dem europäischen Kontinent etwas zeitverzögert. Die klassischen Anbieter von Naturtextilien hatten in den letzten Jahren stark zu kämpfen – nicht wenige gingen Konkurs oder wurden übernommen. So gehört Hess Natur seit 2001 zum Karstadt-Quelle-Konzern. Kein Wunder, denn nur langsam ändern sich hierzulande Image und Stil der natürlichen Kleidung. Öko-Mode war jahrzehntelang ein Synonym für unförmige Kleider aus sackartigem Leinen- oder Hanfstoff in langweiligen Naturtönen wie Beige, Rostbraun oder Senfgelb und ein reines Nischenprodukt. Und obwohl die Skepsis der Konsumenten nach wie vor groß ist, wie die Studie „Socialwear 2006" ergab, wächst gleichzeitig deren Bewusstsein für soziale und ökologische Aspekte bei der Produktion. Für 65 Prozent der Verbraucher muss das Kleidungsstück in erster Linie gefallen respektive dessen Preis stimmen. Doch immerhin ein Drittel der Befragten informiert sich zumindest gelegentlich beim Kleiderkauf, ob es sich um Ethical Fashion handelt und möchte zukünftig dem Thema Nachhaltigkeit in der Mode mehr Beachtung schenken. Immerhin 10 Prozent der Befragten gaben an, generell Wert auf Social Wear zu legen.

Beispiele für öko-soziale Mode vom deutschen Markt

- Im Friedrichshainer Atelier-Shop Dollyrocker (www.dollyrocker.de) können die Kunden zuschauen, wie Gabi Hartkopp und Ina Langenbruch an der Nähmaschine stehen und aus alten Pullovern und Hemden kunterbunte Kleidung für Großstadtkids schneidern. Die Kindermode von Dollyrocker ist kaum teurer als die vergleichbaren Kollektionen großer Labels. Der große Unterschied ist die transparente Produktion und die Tatsache, dass jedes Teil bei Dollyrocker ein Unikat ist: für stilbewusste Eltern mit Sinn für Individualität.

- Neben der Tür steht ein Schreibtisch, darauf eine Nähmaschine, in einer Ecke stapeln sich dicke Ballen mit Baumwolle, grau, blau, khaki, und am Fenster wartet eine kopflose Ankleidepuppe auf die Anprobe. Eine Altbauwohnung in Friedrichshain ist das Hauptquartier von Slowmo (www.slowmo.eu), einem Berliner Modelabel, das Felicia und Melchior Moss vor einem guten Jahr gegründet haben. „Wir machen Streetwear", sagt Felicia, die an der Berliner Esmod-Schule Modedesign studiert hat. Klar und gerade, aber mit witzigen Details wie etwa die Tasche auf dem Rücken eines Sweaters oder eine knallgelbe Kordel, die einen ansonsten schlichten Anorak ziert. Was Slowmo auszeichnet, ist die besondere Qualität des Materials: Bio-Baumwolle mit kbA-Siegel. Das Kürzel steht für den kontrolliert biologischen Anbau. Die Geschwister Moss haben in Afrika und Australien konventionelle Baumwollplantagen besucht und entschieden, dass für ihr Label nur die Bio-Variante infrage kommt, da die konventionelle Produktion extrem toxisch ist. Aber nicht nur beim Material, sondern auch bei der Verarbeitung des Rohstoffs gehen die Slowmo-Macher andere Wege als der Rest der Branche. Sie lassen die Textilien am Bodensee in einem Betrieb färben, der ausschließlich Bio-Farben verwendet. Danach reist die Baumwolle nach Berlin, wo sie sich in Slowmo-Kleidung verwandelt. Genäht wird in Schöneberg und bedruckt werden die Stücke in Köpenick.

- Dass sich ein Umdenken der ehemligen Öko-Szene vollzieht, registriert auch Hess Natur (www.hess-natur.de). Das Unternehmen hat sich mit Erfolg in den letzten Jahren konsolidiert und erzielt gegenwärtig einen Umsatz von 70 Millionen Euro jährlich mit einer Rendite von 9 Prozent. Das Designteam wurde erweitert und verjüngt, „die Staubschicht" der Firma abgepustet, wie Geschäftsführer Wolf Lüdge es ausdrückt. Noch ist Hess Natur Marktführer für Naturwaren. Vielleicht nicht mehr lange.

Andere Designer setzen auf Recycling, ohne sich über die Herkunft des Materials den Kopf zu zerbrechen. Sie begreifen die Wiederverwertung als eine Chance, um die Lebensdauer von Textilien zu verlängern, und zugleich auch als eine kreative Herausforderung. Beispiele hierfür:

- Aus alten Schweizer Armeedecken entstehen Taschen – zu haben im Shop von Esther Thomas (st@swisstextil.de) am Berliner Savignyplatz.
- Nicht wirklich appetitlich sieht aus, was mal ein schlichtes farbiges Shirt war und seit drei Monaten in der Bio-Tonne verrottet. Es ist nämlich voll kompostierbar. Dank Baumwolle ohne Pestizid oder Düngemittelrückstände, naturbelassenem Paraffinspinngarn und abbaubarer Textilfarbe haben Pilze und Bakterien ein leichtes Spiel, Allergene aber ein schweres. Von den kompostierbaren T-Shirts, die der Textilhersteller Trigema (www.trigema.de) seit Anfang des Jahres im Programm hat, waren die ersten tausend schnell verkauft, die Neuauflage mit 10.000 Stück ist schon gestartet. Ob aus einem Shirt dann tatsächlich irgendwann wieder ein Baumwollstrauch wird?
- Wen wundert's, dass auch junge Designer auf natürliche Materialien zurückgreifen? In Zusammenarbeit mit der neuen Fachzeitschrift *joule* des Deutschen Landwirtschaftsverlags stellten Modedesign-Studenten der FH Hannover jetzt die erste Nouvelle-joule-Kollektion vor – natürlich aus reinen Bio-Textilien. „Umwelt-, Gesundheits- und Genussorientierung mit gutem Gewissen" heißt die Devise. Und so präsentiert sich die Sommerkollektion 2007 aus leichten Naturfasern, wie Hanf, Brennnessel oder Baumwolle, die nicht nur hautfreundlich und pflegeleicht, sondern auch gut zu verarbeiten sind.

- Auch mitten in Köln, in einer Studentenbude, kommt der Öko-Schick zu neuer Blüte. Die BWL-Studenten Anton Jurina und Martin Höfeler gründeten Armedangels (www.armedangels.de), das erste deutsche Social Fashion Lable, das Ökoklamotten sexy macht und die Kratzpulli-Branche aufmischt. Ihre Idee fand bereits namhafte Unterstützer. Nicht nur Dutzende bekannter Künstler wie Julien Rivoire aus Paris schicken Skizzen. Die Idee begeisterte auch Investoren wie Axel Schmiegelow, der die Videoseite Sevenload großmachte, sowie den Gründer des Musikportals Last.fm, Stefan Glänzer. Auch eine Risikokapitalfirma ist an Bord: Die Investmentmanager von BV Capital, die ihr Geld selten für so junge Firmen ausgeben, stiegen gleich nach dem ersten Treffen mit den Kölnern ein.

Die Armedangels lassen ihre Hemden in als fair zertifizierten Bio-Schneidereien auf Mauritius nähen. Voraussetzung: Dort darf nur ökologisch korrekt hergestellte Baumwolle verwendet werden. Die Produzenten entlohnen ihre Angestellten anständig, Kinderarbeit ist tabu. Von jedem Hemd, für das Kunden zwischen 30 und 50 Euro zahlen, gehen 3,33 Euro an Hilfsprojekte. „From armedangels to Santa Cruz" steht dezent auf dem Hemdärmel. Mit einer Idee, die den Zeitgeist trifft, einem stimmigen Geschäftsmodell und ihrem Elan überzeugten Jurina und Höfeler auch die Jury des *WirtschaftsWoche*-Gründerwettbewerbs. Im Finale setzten sie sich gegen vier viel versprechende junge Unternehmen durch und erhalten nun mit dem ersten Platz ein Preispaket von über einer Viertelmillion Euro.

Voll im Trend, weil konsequent: Öko-Fashion aus zweiter Hand

Die Nachfrage nach Öko-Mode scheint gerade im städtischen Raum unaufhörlich zu wachsen. Doch selbst diejenigen, die sich nicht eine vollständig neue Öko-Garderobe leisten können, erhalten die Gelegenheit, mithilfe des Secondhand-Labels Junky Styling (www.junkystyling.co.uk).und dessen Fashion-Klinik ihre Kleidung ethisch korrekt aufzuwerten. Das hat das zusätzliche Umwelt-Plus, dass Kleider-Recycling die Naturressourcen schont und das Mode-Update in einem Styling-Workshop passiert, der ausschließlich mit erneuerbaren Energien arbeitet. Elisabeth Prantner entwirft und näht in ihrem Atelier in den Hackeschen Höfen seit mehr als zehn Jahren eigene Kollektionen. Ihr Label Lisa D. (www.lisads-weblog.com) steht für die Lust an der Provokation, denn in ihren Entwürfen reflektiert die Designerin die Schattenseiten der Globalisierung. Für die Kollektion „Global Concern" entwarf sie Cocktailkleider, die mit verstörenden Motiven verziert sind: weinende Kinder, die in einem Steinbruch arbeiten. Und für die Kollektion „Boat People" zerschnitt sie Kindermode von Hennes & Mauritz, um daraus exklusive Abendroben zu schneidern. Die hochwertige Kinderkleidung von H&M sei hervorragend verarbeitet und sehr aufwendig produziert, werde aber für eine Handvoll Euro verscherbelt – und das auf Kosten der Menschen, die an der Produktion beteiligt sind. Diese Ausbeutung möchte die Öko-Schneiderin mit ihrer Recycling-Kollektion anprangern.

Trendbriefing: Was Sie beachten sollten ...

- Konsumenten wollen heute nicht mehr nur wissen, woher ihre Kleider kommen, sondern auch, aus was, wie und wo ihre T-Shirts und Jeans produziert wurden.
- Die grüne Modewelle findet vor allem auch im Internet statt. LOHAS sind onlinefreundlich und gehen mit dem Trend, dass immer mehr Mode gerade im Netz verkauft wird.
- Öko-Chic und Green Glamour haben in den Jahren 2006 und 2007 im Sturm die Laufstege der Welt erobert. Vieles in der Produktionskette vieler Öko-Anbieter ist jedoch noch weit entfernt von ethischer und ökologischer Korrektheit. In den nächsten zwei Jahren wird sich zeigen, ob der Industrie tatsächlich mit Glaubwürdigkeit die Transformation in die Greenomics gelingt.
- Ethical Fashion ist ein abgeleitetes Phänomen aus dem Bio-Food-Boom. Die große Auswahl und Medienpräsenz der Öko-Lebensmittel hat die Verbraucher sensibilisiert. Die Branche entwickelt sich aber nach eigenen Gesetzen. Öko-Labels sind komplexe Marken: hip, chic und authentisch. Die große Herausforderung

ist, den Ansprüchen der an Design interessierten Zielgruppe gerecht zu werden. Gleichzeitig muss das Öko-Engagement möglichst authentisch vermittelt werden.

6. Tourismus: Genießen zwischen Klimafrust und Erlebnislust

Tourismus ist eine Schlüsselbranche für den Lifestyle of Health and Sustainability. Der Erfahrungshunger der LOHAS drückt sich vor allem in möglichst permanenter Mobilität aus. Doch die Kohlendioxidddebatte setzt gerade das Reisen dem Verdacht aus, ein böser Klimakiller zu sein. Die Ära der Greenomics wird Lösungen für dieses Problem anzubieten haben. Wie reisen die gesunden und verantwortungsbewussten Hedonisten zukünftig? Fest steht: Die Deutschen sind nach wie vor Reiseweltmeister und Reisen ist ein milliardenschwerer Zukunftsmarkt. Christmas-Shopping in New York, übers Wochenende nach Paris und für ein Fußballspiel nach Barcelona – günstige Flugpreise erlauben grenzenlose Mobilität. Vor allem die Luftfahrt hat – dank der Billigflieger – in den vergangenen Jahren einen Boom erlebt. Für den Klimaschutz ist das keine gute Nachricht: Die Schadstoffemissionen durch die Luftfahrt stiegen in Europa seit 1990 um 87 Prozent, berichtet *Focus* (9/2007). Zudem schädigt Kohlendioxid, ausgestoßen in großen Höhen, die Atmosphäre möglicherweise deutlich mehr als am Boden. Trotzdem: Reiselust und Fernweh sind ein Zukunftsgeschäft und der Tourismus konnte bereits in den vergangenen Jahren auf stabile Zuwachsraten zurückblicken. Das wird sich auch in Zukunft nicht ändern: Laut World Tourism Organization (UNWTO) werden die weltweiten touristischen Ankünfte bis 2020 die Schallmauer von 1,5 Milliarden durchbrechen. 1995 lag die Zahl noch bei 565 Millionen, für das Jahr 2010 geht die UNWTO von rund einer Milliarde Ankünften aus. In einem Zeitraum von zehn Jahren ist also von einer Steigerung der globalen Reisemobilität um rund 33 Prozent auszugehen. Die jährlichen Zuwachsraten werden bei 4,1 Prozent liegen. Die Deutsche Flugsicherung zählt für die ersten drei Quartale des laufenden Jahres in Deutschland insgesamt 2,9 Millionen Flugbewegungen. Das sind 4 Prozent mehr gegenüber dem Vorjahreszeitraum.

Umweltschutzorganisationen wie Greenpeace fordern deswegen, das Fliegen deutlich teurer zu machen. Denn wer im Billigflieger sitzt, denkt wenig über die Folgen für die Umwelt nach. Die

Umweltbilanz ist fatal: Wer auf die Kanaren und zurück fliegt, verursacht den Ausstoß von 2 Tonnen Kohlendioxid (genauso viel wie in einem Jahr beim Fahren von 12.000 Kilometer in einem Mittelklassewagens entsteht), errechneten die Umweltschützer von Greenpeace. Fliegen ist pro Kilometer nach Angaben des Umweltbundesamts (UBA/Dessau) im Durchschnitt dreimal klimaschädlicher als Autofahren.

Genussvoller Urlaub mit gutem Gewissen

Keine andere Genussbranche muss sich derart für ihre Öko-Bilanz rechtfertigen wie die Reisebranche. Ob Skifahren, Tauchen oder selbst Wandern – Eingriffe in die Natur sind fester Bestandteil des Tourismus. Ganz zu schweigen von der Wahl des Transportmittels: Wer nicht gerade auf den Zug zurückgreift, sondern mit Auto oder Flugzeug in die Ferien entschwindet, steht automatisch im Verdacht, ein ökologischer Missetäter zu sein. Doch mit der zunehmenden Vernetzung der globalen Welt wächst automatisch auch der Wunsch, diese – mit gutem Gewissen – kennenzulernen. Nach einer repräsentativen F.U.R-Studie ist die Klimadebatte bei den deutschen Urlaubern angekommen: So sind 22 Prozent der befragten Flugreisenden bereit, künftig eine freiwillige Abgabe als Kompensation zum Beispiel an das Klimaschutzprojekt Atmosfair zu zahlen. Organisationen wie diese bieten an, Umweltprojekte zur Verminderung von Klimagasen zu fördern. Der Passagier finanziert dabei genauso viel, wie er während einer Flugreise „verbraucht". Wer das Klima am wenigsten belasten will, nimmt für den Urlaub den Reisebus. Moderne Fahrzeuge emittieren pro Passagier mit 33 Gramm CO_2-Ausstoß pro Passagier sogar noch weniger Kohlendioxid als die Bahn (54 Gramm pro Passagier). Mit 157 Gramm pro Passagier steigt die Schadstoffemission im Flugzeug drastisch an. In der Pole-Position: das nur mit einer Person besetzte Auto (190 Gramm).

Die Emmissionsbilanz im Auto verbessert sich merklich, wenn mehrere Passagiere an Bord sind: 95 Gramm bei 2, 63 Gramm bei drei und nur 47 Gramm bei vier Passagieren. Mit vier Fahrgästen im Auto lässt sich sogar die Kohlendioxydbilanz des ICE schlagen! Und weil Totgesagte länger leben, findet die ökologische Revolution nun doch statt, wenn auch anders als erwartet. Der Lifestyle mit gutem Gewissen kommt zukünftig immer stärker ins Spiel und wird zur Produktivkraft. Es sind das schlechte Gewissen und der ganz eigensüchtige Wunsch nach Gesundheit, die Konsumenten heute zur ethisch und umweltfreundlich korrekteren Reisevariante greifen lassen. Das aber nur vor dem Hintergrund, dass Genuss, Spaß und Individualität garantiert sind. Fliegen ohne schlechtes Gewissen ermöglichen Emissionsrechner, wie der von www.travelscout24.de. Genuss und Komfort stehen nicht länger im Gegensatz zu Ökologie, Gesundheit und Nachhaltigkeit. Ganz im Gegenteil: Diese Tourismusanbieter profitieren von den neuen Öko-Touristen, die Szene, Lifestyle und Qualität mit ethisch und ökologisch korrektem Verhalten kombinieren. Vorreiter auf diesem Gebiet sind das Casa Camper (www.casacamper.com), das in Barcelona Komfort, Design und Öko vereint, oder das Hotel Básico in Mexiko (www.hotelbasico.com), das nahezu vollständig aus recycelten Materialien besteht, dessen Angebot (Club, Cocktails und no Children) sich aber an die Freunde von Spaß und Genuss richtet.

Klimawandel und Tourismus

Im vergangenen Jahr führten nach der Reiseanalyse 2007 der Forschungsgemeinschaft Urlaub und Reisen (F.U.R/Kiel) 37,2 Prozent der Reisen durch die Luft – 1995 lag dieser Anteil noch bei 28 Prozent. Dies hängt natürlich auch mit dem ungebrochenen Höhenflug der Billigflieger zusammen. Rechnet man alle direkten und indirekten Effekte hinzu, die aus dem Tourismus erwirtschaftet werden, dann ist ganz klar: Der postmoderne Welteroberer sorgt dafür, dass Tourismus bis 2020 *das* Global Business werden wird – und diese Welteroberer kommen nicht mehr nur aus der alten Welt. In China und anderen asiatischen Tigerstaaten beginnt sich gerade eine neue, milliardenstarke Mittelschicht herauszubilden, die den westlichen Lebensstil entdeckt. Bis zum Jahr 2020 werden sage und schreibe 120 Millionen Chinesen pro Jahr ihren Urlaub im Ausland verbringen. Schon im Jahr 2007 werden die chinesischen Touristen die Deutschen (50 Millionen pro Jahr) als Reiseweltmeister überholen. Umgekehrt werden aktuelle Reiseerleichterungen der chinesischen Regierung den Reisestrom der Europäer in das Land der Mitte erheblich beschleunigen.

Schon jetzt ist gerade mit dem Winterurlaub eines der größten Reisesegmente unmittelbar vom Klimawandel betroffen. Durch die milderen Winter in den Skigebieten, wenn überhaupt ausreichend Schnee da ist (in den rund 600 europäischen Wintersportorten werden mehr als 50 Milliarden Euro im Jahr umgesetzt), ist in bestimmten Gebieten eine ganze Erholungsindustrie infrage gestellt. Allein Deutschland könnte beim Anstieg der Temperatur um nur knapp 2 Grad 60 Prozent seiner Wintersporteinnahmen in den bayerischen Alpen verlieren, wird in einem der Konferenz der Weltorganisation für Tourismus (UNWTO) vorliegenden Bericht prognostiziert. Und damit sind die Gefahren für die Tourismusbranche noch nicht alle benannt: Ansteigende Meeresspiegel bedrohen klassische Tourismusregionen ebenso wie verstärkte Wüstenbildung. Betroffen sein könnten vor allem kleine Inseln und niedrige Küstenregionen. Genannt wurden auf der diesjährigen UNWTO-Konferenz in Davos etwa die Malediven, aber auch Venedig, selbst Teile Manhattans und viele bekannte Touristenstrände. Außerdem seien seit 2005 die Hälfte der Korallenbestände an karibischen Bänken verschwunden und die Gefahr werde noch größer, wenn die Wassertemperatur weiter steige. Einstweilen gibt es viele Vermutungen und vor allem apokalyptische Weltuntergangsszenarien. Trotzdem muss sich der Tourismus mit dem Klimawandel auseinandersetzen. Der Generaldirektor der Welttourismus-Organisation, Francesco Frangialli, sieht den Tourismus als Verursacher und Opfer des Klimawandels. „Bis 2020 wird sich diese Industrie verdoppeln. Da können wir es uns nicht leisten, auch unsere Emissionen zu verdoppeln", warnte er in Davos. Gleichzeitig wiesen die Tourismusexperten aber auch darauf hin, dass sich durch den Klimawandel neue touristische Formate entwickeln lassen, Wandern und Gesundheitsurlaube in alpinen Regionen zum Beispiel.

Einstweilen stellen sich schneesichere Wintersportorte in den USA als „grün-weiße" Urlaubsziele auf. Beispielsweise in Colorado.

Hier heißt die Devise „Green Powder": Pulverschnee in ökologisch korrekter Umgebung. Pulverschnee und grünes Denken, das war bis vor Kurzem ein Widerspruch in sich. Doch es zeigt sich immer mehr, dass Umweltverträglichkeit für viele Urlauber zu einem wichtigen Kriterium bei der Wahl des Wintersportortes geworden ist. In Aspen beispielsweise, dem Eldorado des noblen Wintersports, wurden 80 Prozent aller Gebäude nach den Maßstäben effizienter Energienutzung umgestaltet. In Stowe (www.stowe.com) haben die örtlichen Tourismusanbieter ein Öko-Lernzentrum eingerichtet. In Buttermilk (www.aspensnowmass.com/buttermilk) werden die Schneeraupen mit Bio-Diesel angetrieben. Der Tourismus im kanadischen Whistler/Blackcomb (www.whistlerblackcomb.com) produziert dank konsequentem Müllmanagement jährlich 540 Tonnen Abfall weniger. Wolf Creek (www.wolfcreekski.com) betreibt seine Wintersportangebote zu 100 Prozent mit Windenergie.

LOHAS wollen Fernreisen und eine intakte Umwelt

Der Luftverkehr wird mit einem jährlichen Wachstum von rund 5 Prozent als eine Hauptursache für den Klimawandel angesehen. Denn Kohlendioxid ist nicht die einzige schädliche Substanz, die den Triebwerken in 9 bis 13 Kilometer Höhe entfleucht. Verstärkt wird die Erwärmungswirkung durch Stickoxide, Partikel und Wasserdampf. Nach konservativen Schätzungen ist die Gesamtwirkung der Fliegerei rund zweimal größer als der alleinige Effekt ihres CO_2-Ausstoßes. Die EU-Kommission fürchtet, die Emissionen der Boombranche könnten alle Versuche untergraben, die durch Haushalte, Betriebe und Straßenverkehr verursachten Klimaschäden zu reduzieren. Nach Brüsseler Kalkül ist die Teilnahme der Airlines am Emissionshandel der kostengünstigste Ausweg aus der verfahrenen Lage. Der Wunsch, möglichst wenig geldwerte CO_2-Lizenzen erwerben zu müssen, würde sie dazu animieren, sich klimaschonenderes Fluggerät zuzulegen. Die Ticketpreise stiegen moderat, so die EU, ein Hin- und Rückflug nach New York werde sich um circa 40 Euro verteuern. Und das ist den LOHAS ein gutes Gewissen allemal wert. Denn wie für alle anderen Lebensbereiche gilt für LOHAS auch für die Urlaubszeit die Devise: keine Kompromisse, dafür aber so ethisch korrekt wie möglich.

Tourismus, der sowohl die Sehnsüchte der Menschen wie auch deren ethische Ansprüche befriedigt, wird zum wichtigsten Faktor für den Markt. Vielleicht ist ja für den nachhaltig Reisenden die Verpflegung mit Bio-Produkten an Bord ein weiteres Trostpflaster für den höheren Ticketpreis: Immer mehr Fluggesellschaften führen jedenfalls die Verpflegung ihrer Passagiere mit Bio-Produkten ein, so zum Beispiel Dolomiti Air (www.airdolomiti.it) oder Korean Air (www.koreanair.com), die den regionalen Zulieferer Gewiss-Land, die größte Bio-Farm in Korea, verpflichtet hat. Gewiss-Land garantiert, dass die Nahrungsmittel innerhalb von 24 Stunden nach der Ernte auf dem Tablett der Fluggäste sind.

Das Gewissen der LOHAS beruhigen zudem Emissionsrechner wie der von Climate Care (www.climatecare.org). Die ermitteln, dass ein Einzelpassagier auf einem Flug von Frankfurt nach New York und wieder zurück rund 4.000 Kilogramm Kohlendioxid erzeugt. Zahlt man die berechneten 60 Euro Strafe, bekommt man eine Climate-Partner-Urkunde sowie einen „Klimaneutral fliegen!"-Sticker, der fürs gute Gefühl sichtbar am Gepäck angebracht werden kann. Die deutsche Variante Atmosfair (www.atmosfair.de) funktioniert vergleichbar. World Land Trust (www.WorldLandTrust.org) hat die Idee noch erweitert und ermöglicht dem ständig mobilen Neuzeitnomaden, sein Gewissen per SMS zu erleichtern. Wird innerhalb Großbritanniens „WLT CARBON" an die Nummer 87050 gesendet, zahlt der Textmessage-Sender 1,50 britische Pfund an die Organisation, die mit dem Geld 140 Kilogramm CO_2 unschädlich machen kann (www.carbonbalanced.org).

Wer heute umweltbewusst verreisen will, stößt auf ein wachsendes Angebot. Auch das Forum Andersreisen in Freiburg (www.andersreisen.de) hat ein zunehmendes Interesse für nachhaltigen Tourismus ausgemacht. Dazu gehört unter anderem, dass Wert auf die Belange der Menschen und der Umwelt in den bereisten Ländern gelegt wird, dass es keine Flüge in Zielgebiete unter 700 Kilometern Entfernung gibt, dass die Reisenden bei Distanzflügen von 700 bis 2.000 Kilometern mindestens acht, bei mehr als 2.000 Kilometern mindesten 14 Tage an ihrem Zielort verweilen müssen. Angeboten werden zudem der Lebenssituation gemäße Reisen wie Single-, Frauen-, Handicapped- oder 50plus-Reisen. In dem Verband haben sich mittlerweile rund 40 kleine und mittelständische Unternehmen zusammengeschlossen, die einen sanften Tourismus anbieten. 2004 zählten sie gut 90.000 Kunden und konnten einen Umsatz von insgesamt 100 Millionen Euro erwirtschaften. „Das Thema Klima ist so stark wie nie", erklärt Verbandsgeschäftsführer Rolf Pfeiffer. Nach seiner Prognose werden sich mittelfristig die Touristenströme verlagern. „Die Türkei wird kein Sommerziel mehr sein, weil es dort zu heiß sein wird. Skandinavien und Deutschland werden attraktiver." Martin Lohmann vom Institut für Tourismus- und Bäderforschung in Kiel warnt jedoch davor, wegen der Debatte um den Klimawandel andere Trends im Tourismus zu vernachlässigen. Die Polarisierung der Gesellschaft in Arm und Reich wirke sich bereits aus: So habe bis Mitte der 1990er Jahre eine „Demokratisierung des Reisens" stattgefunden, inzwischen führen Arbeitslose immer weniger in den Urlaub. Ein weiterer wesentlicher Faktor ist für den Experten der demografische Wandel. „Von den über 60-Jährigen sind vor zwanzig Jahren nur wenige gereist. Heute nehmen die Menschen ihr Reiseverhalten mit, die Lebensmitte wird verlängert." Das Internet wird seinen Platz als Informations- und Buchungsort ausbauen.

Pauschalreisen für LOHAS

Ob Hotelbunker entlang der Strände, Clubanlagen, die hektorliterweise wertvolles Trinkwasser zum Bewässern der Grünpflanzen nutzen, oder Kreuzfahrtschiffe, für deren Bau Flüsse begradigt werden, deren Besatzungen Dumpinglöhne erhalten und deren Abgase Fjorde unter Smog setzen – der Massentourismus und insbesondere Pauschalreisen stehen nicht gerade in vorderster Reihe, wenn es um den verantwortungsvollen Umgang mit Kultur und Natur geht. Eine Alternative bietet der Individualtourismus. Das Dilemma zwischen ethisch korrektem Urlaub und dem Zeitmangel, diesen zu planen, lösen immer mehr Reiseveranstalter auf fantasievolle Art und Weise. Studiosus beispielsweise nimmt eine Vorreiterrolle ein unter den alteingesessenen Reiseanbietern. Als erstes europäisches Unternehmen bestand die 1954 gegründete Firma vor neun Jahren den Umwelt-TÜV. Die „Wahrnehmung unserer gesellschaftlichen Verantwortung" ist fester Bestandteil der Unternehmensphilosophie. Angeboten werden ausschließlich sozial verantwortliche und umweltschonend konzipierte Reisen. Ferner fördern die Münchner weltweit Naturschutz- und interkulturelle Projekte (www.studiosus.com). In Kanada gibt es die Green Tourism Association, eine Non-Profit-Organisation, die gemeinsam mit Unternehmen, Umweltverbänden, Naturschutzvereinen, kulturellen Institutionen und staatlichen Initiativen einen nachhaltigen Stadttourismus in Toronto anbietet (www.greentourism.ca).

LOHAS im Urlaub:
Vom Pauschaltourismus zum naturnahen Genießen

	Urlaub von Gestern	Urlaub von morgen	
Konsument	„Ich möchte dazugehören!"	„Ich möchte einzigartig sein!"	
Gesellschaft	Industrielle Massen- und Wohlstandsgesellschaft	Postindustrielle Gesellschaft der Individuen	
	Produktorientiert	Erlebnisorientiert	Marketing
	pauschal	modular	Produktstrategie
	Exotik und Event als Kaufangebot	Destination-Ich als Sinnangebot	touristischer Trend

Quelle: Zukunftsinstitut 2006

Abbildung 19: Tourismus 2020

Die Hotels der neogrünen Avantgarde

Wir alle sind immer häufiger unterwegs. In Hotels möchten wir aber nicht mehr einfach nur „absteigen", sondern uns wie zu Hause fühlen. Der Hype um die Designhotels der vergangenen zehn Jahre, in denen der Gast mitunter das Gefühl bekam, in eine perfekte

Stilinszenierung zu platzen und sich meist etwas „underdressed" fühlen musste, ist vorbei. Ein Designerhotel reicht LOHAS längst nicht mehr aus, es muss sich durch hohes Bewusstsein gegenüber Natur, Ethik und Genussansprüchen auszeichnen. Als Konsequenz etablieren sich zunehmend luxuriöse Hotels und Resorts mit Bio-Menüs, Solarenergie und ausgedehntem Naturbezug. Egal, ob ökologisch bewusster Business-Reisender oder Urlauber: Wer viel unterwegs ist oder Urlaub macht, legt Wert auf Grün. Und so wird die Sehnsucht nach Natur ein immer wichtigerer Buchungsfaktor – selbst für die großstädtische Hotellerie.

Grün oder chic? – so lautete die Gretchenfrage, die sich der LOHAS-Tourist in den letzten Jahren meist stellen musste. Abgesehen von dem Campers Hotel in Barcelona, in dem 117 vertikal ausgerichtete Schusterpalmen für den Blick ins Grüne sorgen (www.casacamper.com) oder im Pariser Hotel Pershing Hall (www.pershinghall.com), in dessen Innerem sich ein hängender Garten über alle Etagen zieht und jedes Zimmer Aussicht auf die Pflanzen bietet, gab es bisher wenig von der grünen Designhotel-Front zu berichten. Doch das ändert sich! Ob das Casa Camper, das Hotel Basico (www.hotelbasico.com) in Mexiko oder das Gogers in Österreich (www.dasgogers.at) – die drei Öko-Hotels sind erfolgreiche Beispiele für LOHAS-Unterkünfte. Das Casa Camper hat den jung gebliebenen Business-Menschen und Städtereisenden im Visier, das im pulsierenden mexikanischen Badeort Playa del Carmen gelegene Basico die Partypeople, das Hotel im Burgenland die Golfer- und Spa-Community. Alle drei erfüllen neben hohem Designanspruch entscheidende LOHAS-Kategorien, nämlich Ökologie, Nachhaltigkeit und Regionalbezug. Insbesondere Öko-Resorts mit Fernzielen boomen, da gerade tropische Regenwälder, Lagunen oder exotische Tierwelten durch den massiven Tourismus bedroht sind. Dass ohne intakte Natur und Kultur keine Touristen kommen, ist als Botschaft in den Fernwehländern angekommen und führt zu Projekten wie der Kapawi-Lodge im Amazonasgebiet (www.kapawi.com), nachhaltigen Safaritouren (www.ecoresorts.com) und respektvollem Umgang mit bizarren Erbschaften wie der Tahiti-Insel Tetiaroa, die Marlon Brando hinterließ.

Aber auch der Erfolg der Vereinigung Bio-Hotels (www.bio-hotels.info) dokumentiert den hohen Bedarf an ökologisch korrekten Unterkünften: Die gegenwärtig 35 Mitgliedsbetriebe mit insgesamt knapp 2.000 Betten zählten im Jahr 2006 150.000 Gäste. Für knapp zwei Drittel der Besucher war das Bio-Konzept der ausschlaggebende Grund zur Buchung. Fünf weitere Hotels befinden sich derzeit in der Umstellungsphase zum Bio-Hotel. Eine neue Hotelkooperation mit Schwerpunkt Aktiv- und Wanderurlaub ist in Südtirol gegründet worden. Siebzehn 3 und 4-Sterne-Hotels sind bereits bei Vitalpina (www.vitalpina.info) registriert, die alle Bergwandern in ihr Angebot integriert haben. So gibt es Wanderstöcke, Kartenmaterial plus „Wohlfühlanwendungen" aus regionalen Zutaten wie Molke, Trauben, Äpfel und Kräutern. Den Trendsport Wandern greift auch das Hotel Rosengarten im Michelin-Sterne-geschwängerten Baiersbronn auf: Es ist das erste Wanderhotel Deutschlands und der Organisation Europa Wanderhotels angeschlossen und brummt, die Auslastung der 48 Betten liegt bei bis zu 70 Prozent. Koch und Hotelier Klumpp ist ausgebildeter Wanderführer und führt zweimal die Woche die neugrünen Touris durch den Schwarzwald. Themenwanderungen wie Kräuterführungen, „Futtern und wandern" oder „Köstliches Wandern" sollen zukünftig noch mehr Bedeutung in Baiersbronn bekommen (www.rosengarten-baiersbronn.de). Mittlerweile überschwemmt eine wahre Flut der neuen Generation von Ökotels, die den LOHAS-Lifestyle bedienen, den Reisemarkt. Eine Auswahl:

- **Bahamas**: Tiamo Resort
- **Indien**: The Green Hotel
- **Japan**: Eco Lodge
- **Mexico**: Danzante
- **Alaska**: Sadie Cove Wilderness Lodge
- **Kalifornien**: Gaia Napa Valley Hotel and Spa; Post Ranch Inn; Hotel Triton; The Orchard Garden Hotel; Ambrose Hotel.
- **Colorado**: Las Manos Bed and Breakfast
- **Massachusetts**: Lenox Hotel; Hotel Green,
- **New Mexico**: Alma del Monte
- **Oregon**: Doubletree Hotel & Executive Meeting Center Portland

- **Texas**: Habitat Suites, Vermont: Woodstocker Inn
- **Virginia**: Airlie Center
- **Wisconsin**: Journey Inn.

Von einigen Hoteliers wird der Klimawandel schon zum Klimavorteil umgewandelt. Der Bergtourismus ist im Kommen (siehe im Kapitel „Sport und Freizeit"), wenn auch unter anderen Vorzeichen. Vor einiger Zeit dachte man bei Skiurlaub noch an rustikale Pensionen, urige Gasthöfe und allerhand alpenländischen Kitsch. Aber in den Skigebieten Europas hat sich in den letzten Jahren einiges getan: Während manche Hoteliers noch die klimatischen Veränderungen und die Unwägbarkeiten des Wetters beklagen und darin den Hauptgrund für die ausbleibenden Gäste sehen, setzen andere Hotelbesitzer mit innovativen Konzepten auf ausgefallene Architektur und exklusive Freizeitprogramme. Das Designhotel Cube (www.cube-hotels.com) setzt auf schlichtes Design für die trendbewusste und erlebnisorientierte Zielgruppe 20plus und gehört mit seiner Würfelform zu den neuen Stilikonen in Europas Bergen. Der Erfinder des Hotelkonzepts, Rudolf Tucek, hat dem Klimawandeltrend schon früh Rechnung zu tragen versucht und mit seiner Vermarktungsidee ein Tourismusangebot für das ganze Jahr (und jedes Wetter) entwickelt. Im Dezember 2003 wurde im österreichischen Kärnten das erste Cube-Hotel eröffnet. Nach Savognin in der Schweiz folgte ein weiteres in Biberwier/Österreich im Juli 2007. Die Planungen für den vierten Standort im österreichischen Annaberg sind bereits in vollem Gange. Weitere Designhotels in Skiregionen mit Spa- und Wellnesscharakter sprießen gerade wie Pilze aus dem Boden: Tschuggen Grand Hotel, Chalet Concept One, Las Vegas Lodge, Cub Nassfeld und Cube Savognin, Mavida, Omnia, The Clubhouse.

Hideaway-Homing...

Im Urlaub sucht der Reisende immer häufiger Heimeligkeit und Vertrautheit. Außerdem beweist die Konjunktur des Wellness-Trends, dass es beim Urlaub der Zukunft verstärkt um die Reise nach innen geht. Der Zielort wird immer nebensächlicher, das heimelige Ambiente immer wichtiger.

- Alleinsein auf kleinstem Raum kann man in der kleinen Stadt Harlingen an der holländischen Küste. Hier können Gestresste Entspannung an ganz besonderen Orten erleben. Eine Nacht in einem Leuchtturm, einem Rettungsboot oder einem Hafenkran kann ein ganz besonderes Gefühl von Freiheit auslösen. Hier findet man Abgeschiedenheit und Ruhe – und einen neuen Blick auf die Welt da draußen. Das Interieur in modernem, warmem Design lädt zum ausführlichen Entspannen und Klönen ein. Das Frühstück wird morgens vor die Tür gestellt, ansonsten hat man in diesen „Hotels" seine Ruhe vor anderen Menschen (www.vuur-toren-harlingen.nl).
- Das Mavida-Hotel in Zell am See bietet neben den bekannten Wellness-Angeboten wie einer Bio-Kräutersauna auch die „Blue Box" an. Das ist eine preisgekrönte Entspannungsliege, in der man wie ein Embryo Massage und Musik genießen kann. Der Kunde wird innerhalb von Minuten in einen tiefen Entspannungszustand versetzt. Doch auch vor der Haustür warten Genuss und Ruhe: Ein 5.000 Quatratmeter großes Seegrundstück bietet den Mavida-Gästen Raum für exklusiven Naturgenuss. Um einen entspannten „Urlaub von der Wirklichkeit" zu erleben, muss der Kunde das Hotelareal also gar nicht verlassen (www.mavida.at).
- Ob der kynische Philosoph Dionysos wirklich in einer Tonne gelebt hat, ist nach wie vor umstritten. Fest steht jedoch, dass man nicht viel Geld ausgeben muss, um sich an einen außergewöhnlichen Ort zurückzuziehen. Das „Parkhotel" ist eine wandernde Veranstaltung und findet in wechselnden Freiluftparks statt. Das mobile Hideaway-Hotel besteht aus drei ausgebauten Standardkanalrohren mit Doppelbett und Stromanschluss. Maximal drei Tage kann man hier nächtigen. Personal gibt es allerdings nicht: Der Gast nutzt einfach die örtliche Infrastruktur. Dafür zahlt der Urlauber auch nur den Preis, den er für angemessen hält. Ab Mai 2007 hat das Parkhotel wieder geöffnet – diesmal im slowenischen Maribor. Das gesamte Hideaway-Konzept ist eine Open-

Source-Idee, auf der Webseite werden die Erfahrungen mit dem Projekt dokumentiert (www.dasparkhotel.de).

- Auch neue Konzepte wie Kindergarten-plus, die hochflexible Kinderbetreuung oder Service für Gäste mit vierbeinigem Reisebegleiter anbieten, zielen auf Menschen, die den LOHAS-Lifestyle pflegen. In der Kinderinsel in Berlin (www.kinderinsel.de) kümmern sich Erzieher bis zu 24 Stunden am Tag (auch in mehreren Sprachen) um den Nachwuchs, während Mami und Papi die Stadt erkunden oder arbeiten. Ausflüge, Übernachtungen und Events für die Kleinen gehören zum Standardangebot. Des Weiteren bietet der Hotel-Kindergarten auch einen Notdienst für das kranke Kind zu Hause an oder einen mobilen Abholservice. Der Clou: Nicht nur lokale Arbeitnehmer oder Berliner Firmen nehmen dieses Angebot wahr. Auch als Urlauber kann man sein Kind dort unterbringen, um die Stadt guten Gewissens einmal ganz allein erleben oder Geschäftstermine wahrnehmen zu können. Eine Clubkarte speziell für Hotels ermöglicht es den Gästen, ihren Nachwuchs betreuen zu lassen. Kein Kuschelhotel, aber eine Idee, die die „Life-Work-Balance" unterstützt.
- Eine etwas andere Zielgruppe, aber mit ähnlichem Konzept, nämlich High Service für Gäste, spricht das Maritim Fulda (www.maritim.de) an. Das Hotel setzt seit Neuestem auf Vierbeiner und bietet bequeme Körbchen und exquisite Speisekarten für Hunde an. Die meisten Hotelgäste gehören der 50plus-Generation an, die in Begleitung von Bello und Struppi reisen. Neben dem Extrabett und dem Menü dürfen sich Hund und Herrchen über einen Gassi-geh-Service, eine Hundebar an der Rezeption (zum Leidwesen der Vierbeiner gibt es hier aber keinen Salty Dog und Hotdogs, sondern frisches Wasser und Trockenfutter in den Näpfen), Hundemenükarte im Restaurant sowie natürlich Room-Service für beide freuen. Nach dem Hundebesuch werden die Zimmer extra gereinigt, darüber hinaus verfügt das Hotel aber auch über zwei spezielle Allergikerzimmer. Neben dem Service bedeute die Hundefreundlichkeit auch Mehreinnahmen: 15 Euro kostet die Nacht im Körbchen, einen Napf Menü (alles natürlich frisch zubereitet) gibt es von 5,50 (Dackel) bis 9 Euro (Dogge).

Die Ansprüche an Umweltverträglichkeit und Nachhaltigkeit dringen in immer spezialisiertere Bereiche des Tourismus vor. Der neueste Hype für LOHAS auf Reisen heißt: Rent a Öko-Car. Während der Tourist zu Hause vielleicht einen ökologisch korrekten Toyota Prius, einen 3-Liter-Lupo oder gar kein Auto fährt, steigt auch der Wunsch nach einem ökologisch korrekten Verkehrsmittel am Urlaubsort. Mittlerweile haben sich die ersten Autovermietungen auf umweltfreundliche Fahrzeuge spezialisiert. EV Rental (www.ev-rental.com) ist der erste Öko-Autovermieter der USA. 1998 gegründet, ist das Unternehmen mittlerweile an acht Standorten mit über 350 Autos präsent. Vermietet werden Hybridfahrzeuge wie beispielsweise der Honda Civic. In dessen Fußstapfen wiederum trat jüngst in New York Ozo Car (www.ozocar.com). Das Unternehmen ist aus der 2002 von Jordan Harris ins Leben gerufenen Kampagne „Green Car to the Red Carpet" entstanden. Seitdem verzichten viele Hollywood-Sternchen auf Stretchlimousinen und fahren lieber mit einem Hybridauto zu Preisverleihungen. Bei Ozo Car kommen ebenfalls ausschließlich Hybridfahrzeuge zum Einsatz, die darüber hinaus mit einem Apple iBook und drahtlosem High-Speed-Internetzugang ausgestattet sind. Und Touristen, die am „Big Apple" gänzlich auf ein Auto verzichten möchten, können seit Frühling 2007 dennoch etwas zur Luftverbesserung der Metropole beitragen und mit umweltfreundlichen Sightseeing-Bussen Manhattan erobern (www.viator.com).

Wie der Urlaub in der grünen Ökonomie von morgen aussieht

Der polyglotte Weltenbummler (und besonders die LOHAS unter ihnen) fühlen sich in der Welt zu Hause – und sind anspruchsvoller denn je. Bemerkenswert am Typus des neogrünen Touristen ist zweierlei: Offensichtlich richten sich die Menschen in der Risikogesellschaft ein, Anschläge sind auch in europäischen Großstädten und auch am Urlaubsort nicht auszuschließen. Und wichtiger noch: Die Urlauber identifizieren sich mit den Menschen vor Ort, sie wissen, dass die Länder vom Tourismus leben, und schleichen sich nicht davon, wenn Unglücke geschehen. Die große Hilfsbereitschaft anlässlich der Tsunami-Katastrophe ist ein Beleg dafür, dass die meisten Menschen in der globalen (Risiko-)Gesellschaft angekommen sind. Es gibt nicht mehr den verunsicherten Touristen, den der Reiseanbieter an die Hand nehmen muss, damit dieser sich in der Fremde orientieren kann. Die neue touristische Premium-Zielgruppe fühlt sich nicht nur in der Welt zu Hause, ist sehr mobil und erlebnisbereit. Sie begreift Urlaub auch nicht mehr als singuläres Highlight einmal im Jahr. Die Urlauber der Zukunft sind Dauerkonsumenten von Mobilitätsoptionen. Den beruflichen Reisestress kompensieren sie mit Reiselust, egal wohin, Hauptsache, es entsteht Distanz zum Alltag. Der Trend zur Verkürzung der Reisedauer bei den Haupturlaubsreisen wird zwar nicht alle Reiseanbieter erfreuen. Tatsächlich lässt sich hieran aber eine stabile Entwicklung ablesen, wonach die Urlauber der Zukunft immer stärker auf alternative Angebote jenseits des Standardrepertoires (Halbpension, Sonne, Strand) ausweichen. Dieses Phänomen lässt sich nicht isoliert mit dem beachtlichen Boom bei den Städte- oder Kulturreisen erklären. Es sollte auch nicht einfach als Auswirkung des Megatrends Reife interpretiert werden. Vielmehr stoßen wir insbesondere mit den LOHAS auf einen grundsätzlichen Mentalitätswandel der Kunden auf den touristischen Sehnsuchtsmärkten. Und der zeichnet sich dadurch aus, dass sich gerade gut verdienende, anspruchsvolle Zielgruppen mit einer grundsätzlich neuen Vorstellung von Freizeit, Urlaub und Erholung auf die Reisemärkte begeben.

Wer es sich in unserer modernen, kreativen und weltgewandten Klientel also nur einigermaßen leisten kann, der nutzt jedes Zeitfenster zwischen beruflichen Terminen, um sich schnell einmal „auszuklinken", „Auszeit" zu nehmen und neue Kraft zu tanken. Der Wunsch nach immer neuen Kontrasterlebnissen im Anschluss an die berufliche Anspannung führt zu einer neuen Zeitökonomie: Billigflüge, Online-Buchung und so weiter machen es möglich, dass reisebegeisterte Menschen dauernd die „Exit-Taste" drücken werden. Für die Hotellerie bedeutet das blühende Landschaften. Denn nicht zuletzt wird dadurch auch der Sektor der Business-Reisen weiter wachsen. Laut Prognosen des World Travel & Tourism Council werden die weltweiten Ausgaben für Business-Reisen zwischen 2005 und 2015 um gut 30 Prozent auf rund 900 Milliarden Dollar anwachsen.

Die LOHAS-Urlauber werden mit ihrem Mobilitätsverhalten und ihren neuen Bedürfnissen und Wünschen den Reisemarkt nachhaltig verändern. Hier ein paar Zahlen, aus denen hervorgeht, dass das Konzept des pauschalen Jahresurlaubs seinen Zenit überschritten hat und als Freizeithabitus der industriellen Gesellschaft angesehen werden muss. Für die Ära der Greenomics gelten andere Verhältnisse. So hat F.U.R. für das Jahr 2015 bei rückläufiger Bevölkerung in Deutschland (2003: 64,43 Millionen; 2015: 62,78 Millionen) einen Anstieg der Urlaubsreisen von 66,1 auf maximal 76,7 Millionen prognostiziert. Dieser Boom wird vor allem getragen durch die zusätzlichen zweiten und dritten Urlaubsreisen, deren Anzahl zwischen 1993 und 2015 um gut 43 Prozent auf 23,3 Millionen pro Jahr angestiegen sein wird. Reiseanbieter, die von der hochmobilen Zielgruppe der LOHAS protieren werden, finden sich in den unterschiedlichsten touristischen Genres. Denn die LOHAS werden das kleine Bio-Hotel um die Ecke fürs Wochenende ebenso schätzen wie den Kurztrip auf Mallorca (die Kinder bleiben bei den Großeltern) oder die Speed-Wellness in Oberbayern.

Die von Klimakatastrophenhysterie gequälten LOHAS zieht es immer häufiger an touristisch extravagante Orte – besonders im kühlen Norden. Grönland könnte zur Copacabana des 21. Jahrhunderts werden. Wie der *Economist* im Mai 2007 berichtete, ist ein Ziel der Fernwehträume neogrüner Genuss-Touristen das Örtchen Ilulissat, eine 5.000-Einwohner-Gemeinde im Norden Grönlands. Viele Staatschefs (auch Frau Merkel) haben sich angesagt und möchten mit ihren Hubschraubern kommen und dem Klimawandel zuschauen. Derweil kurbelt die Klimaerwärmung auch die Wirtschaft von Ilulissat an: Das schmelzende Eis macht seit Kurzem nämlich wieder Kabeljaufischerei möglich, Häfen können wieder angefahren werden. In dem Örtchen landeten im vergangenen Jahr insgesamt 15.000 Touristen zum Naturerleben. Doppelt so viele werden in diesem Jahr erwartet. Klar, dass Ilulissat null Prozent Arbeitslose hat. Seit Dezember 2007 bietet Air Greenland (www.airgreenland.com) Direktflüge zwischen Kangerlussuaq und dem amerikanischen Baltimore an. Auch die baltischen Länder erfreuen sich großer Popularität bei den Reisenden. Laut World Tourism Organization (UNWTO) konnte sich innerhalb Europas Lettland 2006 über den meisten Besucherzuwachs freuen. 22,7 Prozent mehr Touristen besuchten den baltischen Staat. Armenien verzeichnete 18,3 Prozent, Island 13,9 Prozent, Finnland 10,8 Prozent mehr Touristen.

Auch das experimentelle Reisen findet immer mehr Anhänger. Und es eignet sich sogar für Werbung und Markenkommunikation. Aushängeschild des Experimental Traveling ist der Franzose Joël Henry. Er erklärt den neuen Reisetrend so:

> „Es ist im Grunde ein Spiel. Man schiebt den ganzen Touristenkram beiseite und lässt sich für seine Reise von einer verrückten Idee leiten. Vorher weiß man natürlich nicht, ob die Idee funktioniert, deswegen ist es immer ein Experiment."

Anfängern empfiehlt er eine „K2-Expedition", bei der der Reisende an einem Ort seiner Wahl den Landkartenquadranten K2 aufzusuchen hat. Oder das „Backpacking at home": Rucksack packen, zum Flughafen fahren und von dort mit dem billigsten Verkehrsmittel zurück in die Stadt. Anschließend eine Woche lang im Hotel übernachten und Sightseeing betreiben. Weitere Ideen finden sich in dem Buch *The Lonely Planet Guide to Experimental Travel* von Rachael Antony und Joël Henry. Ein ganz besonders experimenteller Reiseführer ist im Jahr 2006 von den Firmen Puma und Soundtrip herausgegeben worden. Das *Survival-Handbuch* nannte Deutschlandtouristen zur Fußball-Weltmeisterschaft die besten Wegbeschreibungen, gab Tipps zu Sehenswürdigkeiten, Unterkünften, Restaurants und Nachtleben. Das Ganze war als MP3-Datei aus dem Internet von der Website des Schuhherstellers downloadbar. Und schließlich geht es auch bei „Perplex City" um das neue experimentelle Freizeitvergnügen. Mit Spielkarten ausgestattet machen sich die Teilnehmer dieses Alternate Reality Game auf die Suche nach einem Schatz; Hinweise gibt es zudem per Anruf, Mail oder SMS. Wer dabei sein will, muss sich unter www.perplexcity.com anmelden, der Gewinner erhält bis zu 150.000 Euro.

Aus einem unüberschaubar gewordenen touristischen Markt kristallisieren sich für die LOHAS drei zentrale Dienstleistungen heraus, die das Reisen von morgen prägen werden:

- High Service, Convenience, begleitendes Reisen – Tourismus wird zur Luxus-Dienstleistung: Selbstbezug und Bequemlichkeit, Entspannungs- und Revitalisierungs-Infrastrukturen werden für den Einzelnen künftig immer wichtiger. Wer heute eine Urlaubsinsel anfliegt, der erwartet Vertrautheit, Service und Luxus. Und dieser Anspruch ist hochgradig legitim und hat nichts mit neuem Spießertum zu tun. Ein Dienstleister, der diese Entwicklung zum Deep-Support-Tourismus bereits nachvollzieht, ist die Lufthansa-Tochter Tim Matters. Sie garantiert die zuverlässige Nachsendung von vergessenen Reiseutensilien in Deutschland, vielen europäischen Ländern und den USA innerhalb eines Tages (Tel.: 0700-84636288). Die Videlis Seniorenreisen GmbH bietet Reiseplanung und Durchführung speziell für ältere Menschen an – Abholung an der Haustür inklusive. Ilona Tertilt und Dagmar Merfort bieten unter www.leben-und-reisen.de ärztlich betreute Reisen an.
- Fremde und Neugierde treiben weiterhin den Reisemarkt – trotzdem werden auch Fernziele als immer austauschbarer wahrgenommen: Fernweh bleibt trotz aller Krisenszenarien auch für die LOHAS das zentrale Motiv für den Konsum von touristischen Angeboten. Kontrastwelten erleben, ein bitter nötiger Tapetenwechsel, die Begegnung mit fremden Kulturen, neue Sinneseindrücke – all das ist auch in den Gesellschaften des 21. Jahrhunderts ein wichtiger Schlüssel zum Kunden. Was die Angebotsbreite angeht, wird sich die touristische Freizeitindustrie in den nächsten Jahren zu einem unüberschaubaren Markt-Dschungel entwickeln. Keine Nische, mit der sich nicht wenigstens ein Anbieter beschäftigt. Alle Fleckchen der Erde sind entdeckt: Weltraumflüge und Weltraumhotels sind ab 2007 keine Science-Fiction mehr (Virgin Tours, Preis pro Flug: 198.600 Euro), Unterwasserhotels auch nicht (www.poseidonresorts.com), Eisgolfen in Grönland (www.albatros-travel.dk) eine Selbstverständlichkeit.

- LOHAS-Tourismus bedeutet Mood-Management: Hinter diesem Begriff verbirgt sich ein tiefgreifender Wertewandel bei einer Vielzahl von Urlaubern. Denn längst sind die Destinationen für die meisten Menschen zu einer austauschbaren Währung verkommen. In den nächsten Jahren kommt es darauf an, den Wandel von der ausschließlichen Fokussierung auf Destinationen hin zu Service, Convenience und ganzheitlichen Wohlfühl-Konzepten in innovative Produkte umzusetzen.

Das Reisebüro der Zukunft

Das Reisebüro ist tot, es lebe das Reisebüro! Für die LOHAS trifft das in besonderer Weise zu. Sie sind zwar in hohem Maße internetfreundlich und schätzen die Orts- und Zeitunabhängigkeit der Online-Welt. Andererseits bevorzugen sie – gerade bei einer stark emotionalen Angelegenheit wie dem Reisen – die intensive Beratung von Angesicht zu Angesicht. Wir alle wissen, das klassische Buchungsverfahren ist nicht mehr zeitgemäß. Dem Kunden die Hand schütteln, aus dem Regal einen backsteinschweren Katalog herausziehen und hastig ein Hotel raussuchen – dieses Modell hat in Zeiten hungriger Konsumenten und funktionierender Massenmärkte mehr recht als schlecht funktioniert. Doch der Siegeszug des Internets hat die Konsumenten kritischer gemacht, was die Qualität angeht, und empfindlicher, was den Preis betrifft. Die LOHAS nehmen noch konsequenter als bisher Reißaus vor touristischen Massenangeboten und Urlaub von der Stange. Unbestritten ist trotz allem: Das Reisebüro wird die momentane Internet- und Fernsehreise-Euphorie überleben. Allerdings werden wir in zehn Jahren die meisten Reisebüros kaum wiedererkennen. Wichtig wird dabei Direktvertrieb, Internetbuchung, Urlaubspakete für den individuellen Geschmack – all das überfordert nach wie vor die Mehrzahl der Konsumenten. Dem Reisebüro wird künftig mehr denn je die Aufgabe zukommen, für den Kunden auszuwählen und als Deep-Support-Berater tätig zu sein, der sich schnell ein Bild von den Freizeit- und Reisewünschen seines Klienten zu machen vermag.

Einen Vorgeschmack auf die Reisebüros der Zukunft gibt TUI mitten in der Hauptstadt, Unter den Linden 17 (www.tui.com/de/konzern/welt_tui_ag/zukunftsvisionen/reisebuero_zukunft.html). Das Reise-Erlebnis-Center arbeitet mit architektonischen Themenwochen, Videoclips, Duft-Counter und Espresso-Bars. Ferien-Scouts nehmen die urlaubsreife Klientel in Empfang und kitzeln die konkreten Urlaubswünsche aus ihnen heraus. Von diesem Zukunftsreisebüro wird hoffentlich nur der Ferien-Scout in die Urlaubswelt von morgen hinübergerettet. Was die Reisewilligen nämlich zuallererst suchen, sind Orientierung und eine kompetente Erfassung der eigenen Wünsche. Duftsimulatoren und so weiter zielen dagegen ins Leere. Denn der Wunsch und die Vorfreude auf die Reise müssen nicht stimuliert werden – die Unterstützung bei der Auswahl der Reise wird künftig darüber entscheiden, welches Reisebüro sich am Markt behauptet.

Den Trend frühzeitig erkannt und ins eigene Konzept integriert, ohne trendopportunistisch zu werden, hat das Reisebüro Bonvoyage (www.bonvoyage-online.de): Das Reisebüro hat die Sehnsuchtsbranche Touristik längst mit dem momentan grassierenden Dating-Trend verkuppelt. Reisebüros, die das schier unstillbare Bedürfnis nach Beziehung und Zweisamkeit mit einem Reiseangebot koppeln, treffen auf aktuelle Kundenbedürfnisse. In Kooperation mit dem Dating-Café bietet das Reisebüro Anbahnungsreisen an. Reisen buchen kann man in deutschen Großstädten nun auch in Kombi-Shops. Ausgehend von der Grundidee erweiterter Postläden, in denen es auch Geschenkverpackungen, Rechtsanwälte und Papierwaren zu kaufen gibt, entwickeln sich immer mehr Boutique-Hybriden wie die Kaufbar (www.kaufbar-berlin.de) oder die Münchner Reisebar (www.reise-bar.de), eine Kombination von Kaffee- und Urlaubsplanungsshops. Und das Reisebüro DIKO (www.diko-reisen.de, www.seissler-online.de) in Köln, 2002 zum Reisebüro des Jahres gewählt, operiert unter anderem mit Kurzzeit-Countern in Edeka-Märkten, kreiert Kooperationen mit dem Einzelhändler, setzt auf Crossmarketing-Aktionen mit anderen Mittelständlern und ist neuerdings Profipartner von eBay.

Lange galt es als eherne Wahrheit, dass Reise-E-Commerce in absehbarer Zeit das gute alte Reisebüro ablösen wird. Die Zeiten für die kleinen Läden ums Eck sind zweifellos nicht besser geworden. Aber apokalyptische Zahlen wie ein 50-prozentiger Schwund bei den Reisebüros, wie von mehreren großen Unternehmensberatungen prophezeit, sind bislang nicht Realität geworden.

Tourismus wird in der Öffentlichkeit meist als Vorreiter in Sachen E-Business gesehen. Tatsächlich ist der Online-Reisemarkt mit 30 Prozent Anteil an allen Umsätzen das größte Einzelsegment im E-Commerce. Reiseinformationen machen mehr als 5 Prozent des gesamten Internet-Traffics aus, und die Reiseindustrie ist für 33 Prozent aller Online-Transaktionen verantwortlich. Laut einer Prognose von Jupiter verdoppelt sich der weltweite Online-Reisemarkt von 2003 bis 2007 auf insgesamt ca. 50 Milliarden Dollar. Für 25 Prozent der Gesamtbevölkerung kommt das Internet als Buchungsalternative zum Reisebüro infrage, um Servicegebühren zu sparen und mehr Leistungen abzurufen. Zwar wird das Internet als Buchungsmedium nach wie vor zurückhaltend genutzt, doch 19 Prozent der Bevölkerung haben entweder schon online gebucht oder können es sich künftig vorstellen. Das primäre Nutzungsmotiv des Internets ist die Informationsrecherche. Doch die Motivation, eine Reise oder Produkte der Reisebranche nach gründlicher Information direkt zu buchen, ohne das Medium zu wechseln, ist steigend. Entsprechend den Wachstumsprognosen ist mit einem Anstieg der Umsätze im E-Travel-Bereich in den nächsten Jahren weiterhin kontinuierlich zu rechnen. Vor allem Einzelleistungen wie Flüge oder Hotelzimmer lassen sich aufgrund ihres geringen Erklärungsbedarf bereits erfolgreich online verkaufen.

Drei Viertel der deutschen Reisebüros verfügen mittlerweile über einen Internetauftritt und können den Kunden ein serviceintensives Multichannel-Angebot machen. Eine Projektgruppe wie KET (Kompetenzzentrum E-Business Touristik der Fachhochschule Worms) beweist, dass hierzulande bereits intensiv nach Wegen in die Reisebüro-Zukunft gesucht wird. Und die sieht so aus: Das Reisebüro der Zukunft bedient sich souverän des Vertriebswegs Internet. Marketing- und Werbekosten wurden aus diesem Grunde in den Agenturen mittlerweile zu gut einem Drittel auf Investitionen in Direktvermarktung beziehungsweise den Online-Auftritt umverteilt. Die hiesigen Reisebüros bestreiten schon zu 6 Prozent ihre Umsätze über den Verkauf im Internet. Das 7-Sterne-Reisebüro Hegenloh in Göppingen (www.hegenloh.de) beispielsweise arbeitet mit mobilen Reiseberatern, lädt die Kunden ins hauseigene Internetcafé ein und verfolgt eine Multichannel-Strategie (bis hin zu WAP-Buchungen). Das Unternehmen wurde 2002 vom Land Baden-Württemberg zu einem der Top-20-Dienstleistern gekürt.

Trendbriefing: Was Sie wissen sollten ...

- LOHAS üben ungern Verzicht und definieren ihren Lebensstil ganz stark über Erlebnisse, Erfahrungen und Unterwegssein. Deswegen gehören sie – trotz Klimaproblematik – zur Kernzielgruppe der hochmobilen Urlauber
- Bewusste und intensive Naturbegegnung und Hotels, die den temporären Aufenthalt wie ein Nachhausekommen gestalten, stehen bei den Neogreens ganz hoch im Kurs.
- Urlaub buchen geschieht vor allem über zwei Wege: Im High-Service-Reisebüro mit quasi-privatem Kontakt, wo die Reiseauswahl zur persönlichen Angelegenheit wird. Oder natürlich via Internet, weil sich Reisen über diesen Kanal bausteinartig und hochindividuell buchen lassen und obendrein der Preis stimmt.
- Bio auf dem Früstückstisch, Solarzellen auf dem Dach und klimaverträgliche Umgebung sind die Standardfeature für den LOHAS-Urlaub 2010.

7. Wohnen: Ökopolis wird Realität, die architektonische Zukunft hat begonnen

Green Glamour: Paradigmenwechsel in der Bau- und Wohnkultur

Auch jenseits zukunftsweisender stadtplanerischer Konzepte findet ein Paradigmenwechsel beim Bauen und Wohnen statt. Der Lebensstil der Menschen, geprägt durch Mobilität, Kreativität und die gestiegenen Bemühungen um ein nachhaltiges und gesundes Leben geht stark einher mit dem grünen Lifestyle der LOHAS. Dieser findet besonders in den globalen Hot Spots statt, wo die Kreativen ideale Voraussetzungen für ihr kulturelles und materielles Wohlergehen vorfinden. Unter dem Begriff „organic" wird im Lifestyle-Segment Bauen und Wohnen all das zusammengefasst, was aus der Natur inspiriert ist. Dabei kommen die neuesten Technologien zum Einsatz, um die Erscheinung der Natur auch in der Architektur zu manifestieren. Und die Architekturelite macht vor, was wir bald vielerorts sehen werden: moderne, qualitätsvolle Architektur mit „grünem" Anspruch – ob aus ökologischer Sicht oder der Verknüpfung von Natur und Gebäuden. Gerade in Städten wird die grüne Architektur als Ausgleich zur üblichen Stadtatmosphäre ihren Platz finden.

Klein, mobil und hochwertiges Design – die Simplifizierung des Wohnens

Die zunehmende Mobilität in der Gesellschaft, die Liberalisierung der europäischen Arbeitsmärkte, verbunden mit einer höheren Bildung und besseren Sprachkenntnissen – in der globalisierten Wirtschaft sind Arbeitsplätze nicht mehr an ein Büro vor Ort gebunden. Der moderne Angestellte oder die neuen Selbstständigen ziehen als Kommunikationsnomaden von Projekt zu Projekt. Auch diese Situation wird ein zentraler Bestandteil der Greenomics sein. Insbesondere die berufliche Mobilität hat stark zugenommen. Es ist mittlerweile normal, für den Job den Wohnort zu wechseln. Mehr als 2,3 Millionen Menschen in Deutschland leben in „Living-aparttogether"-Beziehungen mit zwei Haushalten in verschiedenen Städten, Tendenz steigend. Wie eine Untersuchung des Bundesfamilienministeriums ergab, sind die meisten Fernbeziehungen sogar freiwilliger Natur. Der Partner zieht nicht weg, weil er muss, sondern weil er sich woanders bessere Chancen ausrechnet. Die neuen Nomaden (und unter ihnen jede Menge LOHAS) deuten die Anforderungen ihrer Lebensform positiv als Chancen, die sich ihnen durch Veränderungen eröffnen. Entsprechend richten sie sich ihr Leben ein. Alles, was schwer ist und immobil, ortsspezifisch oder verwachsen, belastet unnötig. „Klein, aber fein" scheint das Motto – jedes achte neue Eigenheim in Deutschland ist bereits ein Fertighaus. Die einst revolutionäre Idee, Häuser in Fabriken vorzufertigen, hat sich längst durchgesetzt. Indes sorgen aktuelle Architekturtrends dafür, dass Fertighäuser immer individueller werden.

Einer dieser Trends ist das Haus der Zukunft. Es passt sich jeder Lebenssituation an: dem Singlestatus, den aktiven Familienjahren, einem Mehr-Generationen-Verbund sowie schließlich einer Alters- und Pflegephase. Der Trend dahinter: Flexibilität und Reduzierung von Wohnfläche werden in der Zukunft das entscheidende Kriterium beim Hausbau sein.

Neue Wohnkonzepte für die Sehnsucht nach dem Grünen

Zwar wird die Alltagsarchitektur, insbesondere die Fertighäuser, mit denen der Traum vom Eigenheim so eng verknüpft ist, noch stärker unter dem Label „Green" prosperieren. Doch der ökologische Anspruch allein genügt nicht mehr, die Ästhetik der Kataloghäuser wird ebenfalls eine immer gewichtigere Rolle spielen. Fertighäuser mit Spitzendesign, die alle Erwartungen an ökologische Ansprüche erfüllen, sind gegenwärtig der Hype der *Dwell*-Szene. Auch in Europa wachsen die Ansprüche an Häuser –was sowohl ihre Optik als auch ihre ökologische Bauweise angeht. Steve Glenns LivingHomes (www.livinghomes.us) sind alles andere als stereotype Fertighäuser. Sie sind nicht nur architektonische Augenweiden, sie bewässern sich auch selbst durch eingebaute Regenfiltersysteme, bedürfen keiner Klimaanlage, generieren eigene Elektrizität, verfügen über sogenannte Ecosmart Heizsysteme und nutzen das Dämm- und Isolierpotenzial von Pflanzen und Bakterien. Glenn spricht mit seinen „lebenden Häusern" bewusst jene wachsende Käuferschicht der Zukunft an, die schönes Design schätzt, Prius fährt, sparsame Haushaltsgeräte von Bosch kauft und organische Vollwertkost zu sich nimmt – die LOHAS also. Diese können durch die LivingHomes nun auch ihrem Lifestyle entsprechend wohnen. Kaufkraft vorausgesetzt. Denn die guten Stücke kosten alles in allem eine Million US-Dollar. Stimmt die Portokasse hingegen und ist die Entscheidung über den Wohnort gefallen, dann steht dem Einzug just in time nichts mehr im Wege. Denn einmal aus der Produktionsstätte in Sante Fe Springs, Kalifornien, in seine Einzelteilen angerollt, steht das LivingHome innerhalb nur eines Tages.

Home is where the Art is: Öko-Häuser vom Star-Architekten

Kennen Sie schon „prefab" und „ecofriendly"? Wie „sustainability" gehören diese Wortschöpfungen mittlerweile zum Pflichtvokabular der Stararchitekten. Gepusht in den Hochglanzmagazinen, erleben die umweltfreundlichen Fertighäuser im Spitzendesign eine Hochkonjunktur. So stand die zweite Dwell Home Competition (www.thedwellhome.com) unter dem Motto „Building Green". Sieger wurde ein Einfamilienhaus des kalifornischen Architekturbüros Escher Gune-Wardena (www.egarch.net): Wasserrecycling, Solarpanelen und begrüntes Dach gehören ebenso zu dem grünen Wohntraum wie bepflanzte und flexible Wände, die im Sommer eine natürliche Klimaanlage bilden. Teilgenommen haben auch die Lorcan O'Herlihy Architects (www.loharchitects.com), die sich – nomen est omen – ganz treffend LOHA abkürzen. Ob begrünte Dächer und Wände, natürliche Baustoffe oder Energiegewinnung – das neue Interesse an Architektur mit Öko-Touch dringt bis in die feinsten Poren unserer Lebensräume vor:

- Selbst längst vergessene Baustoffe wie Holz, Stroh oder Lehm haben wieder Aktualität jenseits von Blockhütten- oder Fachwerkhaus-Charme. In einem Projekt der Technischen Universität Wien wurde unter anderem die sogenannte Strohballen-Bauweise erforscht. Und ein erstes Haus steht bereits: das jüngst für „Architektur und Nachhaltigkeit" ausgezeichnete S-Haus (www.s-house.at) in Böheimkirchen. Das Haus überzeugt nicht nur durch seine ökologischen Qualitäten, sondern auch durch klares, reduziertes Design.

- Sichtbar wird das neue Bedürfnis nach natürlichen Baustoffen auch an Gebäudefassaden. Die Wände des Musée du quai Branly (www.quaibranly.fr) in Paris bestehen aus Gras und Pflanzen. Durch die grüne Hülle des Museums entsteht selbst mitten in der Stadt ein Hauch von „Leben auf dem Land". Dem hat sich auch der französische Architekt Edouard François (www.edouardfrancois.com) verschrieben. Wegen seiner kompromisslosen Entwürfe, die Architektur und Natur verbinden, ist der Franzose international gefragt. Mit seiner Architektur schafft François Stadtoasen und bringt die grüne Philosophie sichtbar unter die Menschen.

- Mit innovativen Konzepten für grünen Innenraum hat das in Trier ansässige Unternehmen Indoorlandscaping (www.indoorlandscaping.de) ein neues Geschäftsfeld entdeckt. Das aus dem Gartenbau stammende Team setzt auf die Symbiose Natur, Raum und Mensch. Als neueste Entwicklung zeigen die Innenraumgärtner das „Gras für die Wand". Mit der grünen Wand gestaltet das Unternehmen Innenwände zu Rasenflächen um. Dieses Konzept liefert neben der überraschenden Optik noch viele Vorteile der Natur frei Haus. Neben dem idealen Luftklima, der Verhinderung von Elektrosmog, einer Staubbindung, dem Schadstoffabbau wirkt die grüne Wand auch wohltuend auf die Psyche der Menschen.

- Neue Gewänder für die Wand malt Wouter Dolk. Riesige Blumenbilder entstehen in seinem lichten Kölner Loft, aber nicht als Leinwand, sondern als raumfüllende Tapete. Nicht maschinell oder mit Handdruckmodeln, nein er malt sie, einzelne, zusammenpassende Rollen. Und keine gibt es ein zweites Mal. Bis zu 30 Schichten Farbe trägt eine handgemalte Tapete. Dolk, der schon immer großformatige Bilder gemalt hatte, wollte keine

Begrenzung mehr. „Ich wollte nichts mehr, das in einen Rahmen passt, kein weiteres Objekt zur Fülle der Objekte in unserer Umgebung, sondern einen umfassenden Hintergrund, der alles einbindet und neu ordnet." Ihm schwebte vor, inspiriert auch von der Freskenmalerei, Räume ganz neu zu gestalten. Der Tapetenkünstler will eine verinnerlichte Natur darstellen – ein bisschen in der Tradition der flämischen Renaissancemeister: eine erträumte Landschaft, die Erinnerung an Natur. „Jedes Projekt von mir ist ein kleines Paradies für sich." Das Ergebnis trifft den Zeitgeist – zwölf Projekte hat er seither verwirklicht: zum Beispiel ein dezent geblümtes Herrenschlafzimmer in New York, einen fröhlichen Vogelschwarm an den Penthousewänden des Hotel Victor in Miami Beach oder den Festsaal von Schloss Benrath, wo Wouter Dolk über ein halbes Jahr lang mit sieben Mitarbeitern den großen Raum in eine fesselnde Fabel- und Pflanzenwelt verwandelte (www.wouterdolk.com).

- Auch der deutsche Architekt Chris Bosse (www.chrisboss.de) hat sich der organischen Herleitung verschrieben und den Entwurf für die neue Schwimm-Arena in Peking geliefert. Für diese ließ sich der Naturarchitekt vom Element Wasser inspirieren. Die Hülle des Schwimmcenters besteht aus tausenden Glaswaben – jedes davon ist ein Unikat. Im Gesamtarrangement wirkt das Bauwerk wie ein „Block aus Wasser". Die Natur und der schonende Umgang mit den natürlichen Ressourcen spielt in allen zukünftigen Großprojekten eine immense Rolle. Gerade renommierte Architekten wie das Unternehmen SOM (www.som.com), die schon für den Sears-Tower in Chicago verantwortlich waren, nehmen diese Herausforderung an. So soll eines ihrer neuesten Projekte, der Pearl River Tower in China, zum umweltfreundlichsten Gebäude der Welt werden. Was bei diesen Dimensionen schwierig erscheint, wird durch den Einsatz neuester Entwicklungen möglich: Windturbinen und Solarzellen versorgen den Riesen mit Strom, Regenwasser wird gesammelt, und mittels Sonnenenergie für die Heizung verwendet. Der Wind wird vertikal geleitet, und zum Kühlen des Gebäudes benutzt.

- Der Stuttgarter Architekt Werner Sobek (www.wernersobek.com) hat ein solches Haus konzipiert. „Four-storey building which is completely recyclable, produces no emissions and is self-sufficient in terms of heating energy requirement. The completely glazed building has high quality triple glazing panels featuring a k-value of 0.4. Its design is modular. Because of its assembly by means of mortice-and-tenon joints and bolted joints, it cannot only be assembled and dismantled easily but is also completely recyclable. The electrical energy required for the energy concept and control engineering is produced by solar cells".

Aus ödem Beton wird neuer Lifestyle-Markt

Grau, hart und hässlich. Das Image von Beton (engl. concrete) könnte kaum schlechter sein. Beton indes ist der meistunterschätzte und gleichzeitig meistverbrauchte Baustoff der Welt. Er ist vielfältig einsetzbar, unendlich formbar, stabil, reißfest, flexibel – und lichtdurchlässig! Der Hightech-Werkstoff bietet momentan mehr Business-Chancen denn je. Einige Beispiele:

- *Sichtbeton (SVB):* Sichtbeton ist fest und selbstverdichtend. Die Stararchitektin Zaha Hadid arbeitete mit SVB beim plastisch geformten, auf wabenartigen Beinen stehenden Phaeno-Wissenschaftsmuseum von VW in Wolfsburg. Weitere prominente SVB-Beispiele sind das Dienstgebäude des Deutschen Bundestags und das Paul-Löbe-Haus von Stephan Braunfels. Diese repräsentativen Bauten haben die Akzeptanz des Materials Beton in der Öffentlichkeit maßgeblich gesteigert, Künstler und Designer haben den Baustoff für sich entdeckt: Der Designer Francesco Passaniti trägt eine dünne Schicht des neuen Werkstoff-Mix „Subli-Beton" auf Holzmöbel auf. Die Freiburger Betonfachleute Villa Rocca kreieren Arbeitsflächen, Küchen und Bäder aus farbigem Beton (Beimischung von Farbpigmenten). So bedient der Baustoff mittlerweile jeden Geschmack vom Landhausstil bis zur puristischen Einrichtung und jedes Bedürfnis von der Kachel bis zur Küchenarbeitsfläche. Tische, Stühle, Obstschalen und Standuhren aus gefärbtem Beton sind ein Renner bei der Kölner Galerie Caementitium. Sogar Kroko-Optik ist möglich (www.locuscaementitium.de).

- *Lichtbeton:* Mithilfe lichtleitender Fasern aus Litracon (www.LiTraCon.hu) wandelt sich Beton vom schweren Baustoff zum federleichten Material. Graue Betonwände mutieren so zu japanischen Reispapierwänden. Schattenwürfe und sogar Farben werden sichtbar. Anwendungsbereiche: Raumteiler, Treppenstufen, hochwertige Inneneinrichtungen, exklusive Einbauten für Wellnessbereiche etc. Konzerne der Zementbranche wie Heidelberg Cement oder Dyckerhoff steigern gerade Herstellung und Vertrieb des lichtdurchlässigen Kunstgesteins. Auch kleine Spezialisten haben Chancen: Die mittelständische Florack aus Heinsberg bei Aachen bringt eine 4 mal 5 Meter große Leuchtbeton-Platte auf den Markt. Damit könnten leuchtende Plattenbauten gebaut werden. Am Potsdamer Platz wird Leuchtbeton für einen „Boulevard der Stars" verwendet. Die Platten schimmern, wenn man sie berührt. Erreicht wird der Effekt durch U-förmige Glasfasern im Beton.
- *Textilbeton:* Gießt man statt Glasfasern Karbonfäden in den Beton ein, übernimmt er die Reißfestigkeit und Flexibilität des Hightech-Werkstoffes. Eine dünne Platte aus dem Textilbeton genannten Material kann ein Mensch sichtbar biegen. Forscher der TU Dresden errichteten daraus eine Testbrücke, die statt 25 Tonnen in herkömmlichem Stahlbeton nur 5 Tonnen wiegt.
- *Klimabeton:* Zum „energiebewusstesten Hochhaus" wurde kürzlich der 142 Meter hohe Torre Agbar des französischen Architekten Jean Nouvel in Barcelona gekürt. Der maiskolbenförmige Turm aus Beton hat eine Hülle aus 60.000 beweglichen Glaslamellen: Die zwischen Beton- und Glashülle eingeschlossene Luft bildet einen Hitze- und Kältepuffer, was die Kosten für Heizung und Klimaanlage erheblich reduziert (www.jeannouvel.fr).

Noch sind Japan und die Schweiz führend in der Herstellung und Verarbeitung von Hightech-Beton. In den nächsten fünf Jahren werden auch in Deutschland hochwertige Betonfertigteile massenhaft produziert und günstiger zu haben sein. Wohnhausneubauten etwa lassen sich dann organisch fließend konstruieren. Die feine, aber massive Betontreppe ist auch lichtdurchlässig erhältlich. Heidelberg Cement beschreitet den Weg in Richtung Serienproduktion von Leuchtbeton. Die Preise werden ins Rutschen geraten.

Small is beautiful – und ökologisch

Eine Reihe von Designern und Architekten sehen in kleinen, schicken Wohneinheiten die berufliche Herausforderung. Vor allem immer mehr US-Amerikaner entscheiden sich für eine mobile Wohneinheit – jenseits der bekannten Mobile Homes und Manufactured Housing, die hierzulande am ehesten mit dem Fertighaus zu vergleichen sind. Klein, aber fein ist die Devise vieler Menschen, die ihr Haus im Grünen auf das Nötigste reduzieren, weil die Landschaft und das Outdoor-Erlebnis wichtiger sind als ein opulenter Landsitz. Einer der erfolgreichsten Anbieter der USA ist Tumbleweed Tiny House Company (www.tumbleweedhouses.com). Meist können die Unterkünfte an die individuellen Bedürfnisse angepasst werden und liegen preislich zwischen 35 und 200 US-Dollar pro Quadratfuß (entspricht 0,092903 Quadratmetern), je nach Ausstattung und verwendeter Materialien bei Interieur – für Strom und Wasser ist zu sorgen. Selbst eine Small House Society (www.smallhousesociety.org) hat sich in den USA bereits gegründet. Ihr Anliegen zeigt Parallelen zum jüngsten Hubraum-Bashing der SUV-Gegner: Kleinere Häuser sind ökologisch sinnvoller und reden einem individuellen Lebensstil jenseits des Mainstreams das Wort.

Aber auch das urbane Wohnen und Arbeiten erlebt mit der Idee der Designer von Kleinstunterkünften neue Impulse: Für den mobilen Single wurde das Nomadhome (www.nomadhome.com) entwickelt – eine aerodynamisch geformte, modulare Homebase. Vier Grundmodule beherbergen Badezimmer, Küche und Schlafraum, drei weitere Bausteine bilden das geräumige Wohnzimmer. Die Idee des Architekturbüros Hobby A – Schuster & Maul in Seekirchen bei Salzburg: Ein moderner Nomade soll nicht auf seine eigenen vier Wände verzichten müssen. Er kann sie mitnehmen, wenn es ihn woanders hinzieht. Das Nomadhome passt sich allen Bedürfnissen an und geht sogar auf Reisen: Auf Lastwagen gepackt, können die einzelnen Module einfach transportiert werden. „Theoretisch muss der Bewohner nicht mal den Kleiderschrank ausräumen, wenn er umziehen will", erklärt Erfinder Gerold Peham. Ähnlich wie beim Billy-Regal von IKEA kann der Besitzer mit einem oder zwei Elementen anfangen und bei Bedarf einfach nachkaufen. Durch ein sogenanntes Autark-Box-Modul können moderne Hausbesitzer das Nomadhome zusätzlich mit Solarenergie, Wasser und Fäkalientank ausstatten. So sind die Bewohner unabhängig von jedweder Versorgungsstation. Als „semi-permanent housing" bezeichnet der Innenarchitekt Mart de Jong seine Erfindung. Die von ihm entworfene „Spacebox" ist komplett eingerichtet und lässt sich mit einem Kran problemlos an Ort und Stelle bringen. Die verwendeten Materialien stammen aus dem Schiffs- und Flugzeugbau. Der Modulcharakter lässt es zu, dass mehrere Wohneinheiten zusammen einen Komplex ergeben. Auf 18 bis 22 Quadratmetern finden sich Dusche, Küche, Toilette sowie ein hybrider Arbeits- und Wohnraum. Spacebox-Komplexe gibt es bereits in Utrecht, Delft und Eindhoven (www.spacebox.info).

Auch das australische Architekturbüro Perrine setzt auf den Downsizing- und Mobile-Trend. Der „Perrinepod" ist ein futuristisch anmutender Wohnraum, der in kleinster Ausführung 45 Quadratmeter Wohnfläche aufweist. Er kostet 99.000 US-Dollar, für drei Schlafräume und 96 Quadratmeter muss das Doppelte hingelegt werden (http://pod.perrine.com.au).

Werner Aisslinger vom gleichnamigen Designbüro verbindet mit seinem Projekt „Loftcube" Wohnen und Arbeiten im wahrsten Sinne aussichtsreich auf den Dächern dieser Welt. Das von ihm entworfene mobile, modular aufgebaute Domizil wird per Helikopter ausgeliefert. 2007 war das Loftcube auf „World Tour" und gastierte im Mai in Berlin (www.aisslinger.de/loftcube).

Die britische Firma iscape bietet für alle Stressgeplagten und Staustecker eine echte Alternative zum Büro in der Stadt: Miana – ein speziell für Home-Office-Bedürfnisse konzipierter Raum, den man beispielsweise im Vorgarten seines Hauses aufstellen kann.

Der Kunde kann bei der Bestellung aus mehreren Farben für das aus Holz und Stahl gefertigte Refugium wählen. Den Wohlfühl-Arbeitsplatz gibt es außerdem in verschiedenen Größen, mit strapazierfähigen und leicht zu reinigendem Teppich- oder Vinylboden, auf Wunsch mit Belüftungssystem, elektronischen Anschlussmöglichkeiten und einem eingebautenm Eckschreibtisch-System als Arbeitsplatz. Miana kostet inklusive Lieferung und Installation ab 7.995 GBP. Auch Leasing ist möglich (www.i-scape.co.uk).

Auch für städtische Kulturveranstaltungen sind mobile Räumlichkeiten von Interesse. Die Mozart-Info-Lounge aus dem Architekturbüro Hobby A. – Schuster & Maul kam im Mozart-Jahr in Salzburg zum Einsatz. Sie diente als Ticketoffice, Presse- und Informationsstelle sowie als Treffpunkt (www.hobby-a.at).

Zudem tragen Umweltkatastrophen und Flüchtlingselend dazu bei, dass sich ein Markt herausbildet, in dem Innovationen und intelligente Lösungen gefragt sind, um Menschen ein sicheres, vorübergehendes Zuhause zu bieten und Privatsphäre auf kleinstem Raum zu ermöglichen. Die Global Village Shelters (www.gvshelters.com) wurden unlängst in die Best-Business-Ideas-Liste des Wirtschaftsmagazins *Fast Company* aufgenommen, Die Unterkünfte werden derzeit im indisch-pakistanischen Kashmir eingesetzt, wo 2005 ein verheerendes Erdbeben wütete.

Top-Trend für moderne Büronomaden: Rollende Arbeitsplätze

Mit seinem Businessmobil steuert Jan Dohmeyer in eine (noch) kleine, aber immer feiner werdende Nische im Caravanmarkt an, denn Mobilität ist mehr denn je gefragt im Arbeitsmarkt. Mit der Konzeptstudie Domo – einer international klangvollen Wortkombination aus Eigennamen und Automobil – gewann das Ingenieurbüro DO!NG (www.reisevan.de) des 36-Jährigen in Stockelsdorf bei Lübeck vor fünf Jahren den Existenzgründerwettbewerb „Fit for Boss". Der Titel ist Programm für Dohmeyers Modell. Als Basisfahrzeuge für den Domo lassen sich Mercedes Sprinter und Volkswagen Crafter konfigurieren – wichtig wegen des jeweiligen weltweiten Servicenetzes. Mit dem Multimobil auf Rädern kommen Businessmen in Fahrt: Es ist alltagstauglich wie ein PKW, hat eine größere Transportkapazität und bietet die Möglichkeit, in dem Gefährt zu arbeiten und zu wohnen. Allerdings ohne Raffgardinen, geblümte Sitzbezüge und Plastikeichendekor. Im Domo kommen patentierte Fertigungsverfahren sowie superleichte und formstabile Werkstoffe aus der Luftfahrtindustrie zum Einsatz, kombiniert mit hochwertigen Materialien aus der Automobilindustrie. Nicht alle Extras sind auf den ersten Blick erkennbar. Dass Sitz-Schlaf-Kombinationen mit wenigen Handgriffen in Sekundenschnelle umzubauen sind, ist selbstverständlich. Aber ein komplettes Bad auf 0,4 Quadratmetern, das nach dem Gebrauch wie eine Küchenschublade auf Teleskopauszügen verschwindet, verblüfft. Auch der Waschtisch ist klappbar. Hightech macht sich wohltuend bemerkbar, wenn ein Businessmobil in Fahrt kommt: kein Klappern von Oberschränken, keine Tür springt auf.

Vor allem aber sind es die raffinierten Ein- beziehungsweise Umbauten und das Plus an Technik (im Domo beispielsweise stecken vier Patente), die ein herkömmliches Freizeit- zu einem Arbeitsgefährt machen: eine größere Tischplatte, mehr Licht, netzunabhängige 230-Volt-Versorgung, Regale, auf denen Aktenordner Platz haben, eine Hängeregistratur, die sich unter den Sitzklappen verbirgt. Im Wagendach ist ein 17-Zoll-Flachbildschirm integriert, an den ein PC oder Notebook angeschlossen werden kann. Ein Zweitbildschirm für erweiterte Präsentationen lässt sich leicht installieren. Alles in allem kostet der Domo rund 50.000 Euro. Auch andere Hersteller geben Gas beim rollenden Büro. So bietet der Reisemobilbauer Hymer (www.hymer.com), der auf dem diesjährigen Caravan-Salon sein 50-jähriges Bestehen feiert, den Umbau herkömmlicher Wohn- zu Businessmobilen an. Ein Beispiel ist die leichte, deutsche Version des amerikanischen Airstreams. Die innovative Innenausstattung erinnert an ein Existenzgründerbüro: Aluminiumwände, schwarz-weiße Möbel, orange-transparente Schranktüren. In der Mitte zwischen Bad und Sitzgruppe wollen die Konstrukteure für die Zukunft viel Freiraum für die persönliche Gestaltung lassen, auch und gerade für Business-Lösungen. In 6,80 Meter Länge ist der Airstream ab 56.000 Euro, mit 8,25 Meter Länge ab 69.000 Euro zu haben. Die Ingenieure von Tischer (www.tischer.nl) aus Kreuzwertheim führen in ihrem Firmenlogo zwar den Untertitel Freizeitfahrzeuge, können sich aber gut vorstellen, dass ihr Pickup-Reisemobil Trail 206 S auf der Basis eines Nissan King Cab mit absetzbarer Wohnkabine auch beruflich zum Einsatz kommt. Der mobile Büroarbeiter hat die Wahl zwischen zehn Modellen in zwei Kabinenbaureihen. Der Vorteil des Pickup-Konzepts: Die Kabine ist vor Ort absetzbar.

Homing ist Konsumtrend mit Breitenwirkung

Gesundes Wohnen betrifft nicht allein die Bausubstanz, sondern auch die Ausstattung, denn identitätsbildend wirkt neben dem eigenen Äußeren auch die Gestaltung des eigenen Wohn- und Lebensbereichs, von Feng-Shui-Experten oft auch als „zweite Haut" bezeichnet. Homing ist längst zu einem Konsumtrend mit Breitenwirkung geworden: In der Weiterentwicklung des Cocooning-Trends aus den 1980er Jahren wird das Heim zum Zentrum und Schutzhafen in einer unsicheren Welt. Wie wichtig das Werken in Haus und Garten geworden ist, zeigen die unzähligen TV-Doku-Soaps, in denen sich deutsche Heimwerker ihre Lebenswelten zimmern. Die Arbeit am und im eigenen Zuhause verleiht Gestaltungsmacht; in den eigenen vier Wänden passiert nur das, was man selber will. Pimp my Home! Das Selbermachen und Einrichten erhält einen symbolischen Wert: Das Zuhause wird zum heilen Ort, den man ausschließlich nach eigenen Wünschen stylen und designen kann. Wenn man es denn allein kann. Schon beginnt sich professionelle Unterstützung zu formieren.

Verschiedenste Berater vom Feng-Shui-Meister bis zum Lifestyle-Consultant bieten ihre Mithilfe rund um das Zuhause an. Die chinesische Lehre vom Energiefluss in Haus und Garten ist zum Dauerbrenner avanciert und hat einen Massenmarkt generiert. Bei Amazon finden sich unter dem Stichwort „Feng Shui" inzwischen mehr als 300 Bücher. Klassische Unternehmen wie die Postbank oder die Gothaer Versicherungen schmücken sich auf ihren Homepages mit Artikeln zum Thema. Die Feng-Shui-Welle kurbelt auch den Beratungsmarkt rund ums Zuhause an. In Deutschland tummeln sich nach Expertenschätzungen bereits zwischen 5.000 und 6.000 Feng-Shui Berater. Ihre Aufgabe: Störende Einflüsse eliminieren und zu Hause, aber auch in Büros, einen harmonischen Energiefluss herstellen. Neben den klassischen Feng-Shui-Beratern sind außerdem verstärkt „Strahlenexperten" wie Geopathologen, Radiästheten und andere unterwegs. Sie sollen dafür sorgen, dass das eigene Heim zu einem Ort der Ruhe wird und von außen kein Stress durch alle möglichen Arten von Strahlungen entsteht. Die Beratungsangebote werden nicht nur von esoterisch orientierten Randgruppen in Anspruch genommen, sondern von ganz „normalen" Mittelstandsfamilien.

Den Trend zum Verschönern und Aufmotzen des Wohnraums haben private Fernsehsender ebenso erkannt wie große Verlage: Bei Pro Sieben ist mittlerweile der komplette Vormittag dem häuslichen Leben gewidmet. In der täglichen Serie *SOS – Style and Home* gibt es Tipps für Wohnung („Home-SOS"), das eigene Styling („Style-SOS") und Ratschläge zum Heimwerken („Do it yourself-SOS"). Das Format ist ausbaufähig: Zurzeit werden Leute gesucht, die ihre erste Wohnung einrichten und Rat gebrauchen können. Auch bei Vox gehört die Wohnberatung zum Tagesgeschäft. Unter dem Titel *Wohnen nach Wunsch* wurde die ehemalige RTL-Serie *Einsatz in vier Wänden* zur „Deko-Soap" umfunktioniert. Die patente Wohnberaterin Tine Wittler, verschönert zusammen mit ihren Handwerksmeistern selbst die kleinsten und chaotischsten Wohnungen. Auch Messies haben seit Neuestem ein eigenes Wohnberatungs-TV-Angebot. Während bei RTL2 die *Putzteufel* unterwegs sind, zeigt bei der Vox-Sendung *Raus damit! Wege aus dem Chaos* ein Saubermann-Expertenteam den Bewohnern, wie sie in Zukunft bei sich Ordnung schaffen und halten können. Mit *My Home* hat der Fachschriften Verlag „die erste Zeitschrift für die weiblichen Seiten des Bauens" aus der Taufe gehoben. „In dieser Zeitschrift wird auf technisches Brimborium verzichtet, denn wie man weiß, hat das eigene Zuhause viel mit Herz und Gefühl zu tun, mit Sinnlichkeit und Design", so der Verlag. Hier kommen dann vor allem BeraterInnen zum Zug. Themen sind zum Beispiel „Häuser nur zum Wohlfühlen", von

Architektinnen geplant und gebaut, oder „Wie aus einer Einlieger-wohnung ein Wellness-Tempel entstand".

Duschen Sie noch oder Wohnbaden Sie schon? Die Innenarchitekten entdecken das Badezimmer neu

Das Bad ist das neue Wohnzimmer: Wie die Gäste im Wellness-Hotel schlüpfen stolze Badelandschaft-Besitzer zum Feierabend schnellstmöglich in ihre frottierten Kimonos, um in ihre heimische Wohlfühloase abzutauchen. Es gibt eigentlich kaum etwas, was sich nicht ins Badezimmer verlagern ließe. Die Luxusmarken unter den Sanitärausstattern arbeiten auf die Bedeutungserweiterung ihrer Sparte hin und verpflichten Designer, die das Leben rund um die Regendusche besonders spritzig machen. Oberflächen, die ebenso gut in ein perfekt gestyltes Büro passen – natürlich feuchtigkeitsre-sistent –, schaffen einen fließenden Übergang zu Wohn- und Arbeitszimmern, edle Hölzer ersetzen herkömmliche Nasszellenele-mente wie Fliese oder Duschvorhang.

Für die Gestaltung eines Wellness-Bades nach der neuen Philoso-phie hat die Armaturenmanufaktur Dornbracht (www.dorn-bracht.com) die Experten von Sieger Design und Mike Meiré gewon-nen; Letzterer wirkt hauptberuflich als Art Director des Wirtschaftsmagazins *brand eins*. Das Ergebnis ihrer Zusammenarbeit kam im Oktober unter dem Namen Elemental Spa auf den Markt. Frei übersetzt also ein heimisches Heilbad, das alle elementaren Bedürf-nisse erfüllt und zu einem längeren Verweilen einladen will. Von einem Badezimmer kann man in einem solchen Fall natürlich nicht mehr sprechen. Es handelt sich vielmehr um eine Badelandschaft mit den unterschiedlichsten Stationen wie einer Toilette, sozusagen in ihrem eigenen kleinen Häuschen, Waschbecken und Schrankwände sowie ein auf angenehme 32 Grad erhitzter Marmorblock zum Rela-xen, eine Kupferwanne in einem seidenmatt-weißen Kubus sowie ein spritziges Duschzentrum. Wasser-Licht-Spiele und edle Materialien wie verchromtes Messing der Mischbatterien, Marmor und Olivenholz werten die ehemalige Nasszelle auf.

Burg, die Premiummarke der Burgbad AG (www.kama.de) mit Sitz im sauerländischen Schmallenberg, geht noch einen Schritt weiter und lässt großzügig die Türen zwischen Bad, Ankleide- und Schlafzimmer gleich ganz weg. Gemeinsam mit Ulli Finkeldey und Kai Uetrecht von Nexus Product Design und Martin Dettinger von Industrial Design wurde ein Raumkonzept erarbeitet, das konsequent auch nicht mehr von Zimmern spricht, sondern nur noch von „Bereichen". Arbeiten, Wohnen und Waschen seien in ihrer Welt nicht mehr voneinander abgrenzbar, erklären die Designer, alles verschmelze.

Wände einreißen, Grenzen verwischen ist auch bei der sauerländischen Marke Keuco (www.keuco.de) Trumpf. Der ursprünglich auf Badaccessoires spezialisierte Familienbetrieb bietet seit acht Jahren auch Einrichtungskonzepte an. Der neueste „Serviervorschlag" der Atelier-Edition gewährt vom Bad aus einen offenherzigen Einblick in den Schlafbereich. Dabei sticht vor allem das fast frei stehende Handwaschbecken in der Form eines Eimers ins Auge. Mit der Water Lounge setzen die Badspezialisten von Hoesch (www.hoesch.de) dem neuen Badewohnen das Krönchen auf: Alle Einrichtungen sind von Wasser umflutet; der gläserne Kubus mit der ergonomischen Liege, der Beistelltisch mit der schwenkbaren Leselampe – alles scheint direkt im Wasser zu stehen. Das Bad entwickelt sich vor diesem Hintergrund zum Designobjekt und neuen Lebensmittelpunkt, zur Wohlfühl- und Rückzugsoase. Die neuen Bäder sind keine Nasszellen mehr, sondern „Groom Rooms" – Yoga-Räume, Gymnastikzimmer, Beauty-Salons und Ankleidezimmer in einem. Dass Körperpflege heute sogar als spirituelle Erfahrung erlebt wird, behauptet Design-Beraterin Ilse Crawford.

Dienstleistung rund ums Wohnen in der LOHAS-Kultur

Neben dem persönlichen Styling gehört speziell Wohnberatung zum Angebot des Beraterteams der „Lifestyle Consultants".

„Sie suchen die Veränderung, doch wissen nicht, wonach Sie suchen oder – viel schlimmer – haben keine Zeit zum

Suchen. Durch ein neues Ambiente in Ihrem unmittelbaren Umfeld bieten wir Ihnen eine Veränderung an, die wir zusammen mit Ihnen gestalten: das exklusive Heim als Teil eines Lifestyle- Pakets", lautet das Versprechen.

Zum Kundenkreis gehören vor allem besserbetuchte Klienten. Eine Wohnberatung beginnt bei 250 Euro, die Grenzen nach oben sind offen (www.lifestyle-consultants.de).

Wer es günstiger will, kann sich per Internet beraten lassen. Zum Beispiel unter www.online-wohnberatung.de. Zum Pauschalpreis von 125 Euro pro Raum lassen sich die Berater buchen. Einzige Voraussetzung: Einen Fragebogen ausfüllen sowie Bilder und einen Grundriss einschicken. Nach zwei bis drei Wochen kommen die Unterlagen mit „farbig angelegtem Grundriss, kolorierter Perspektive und einer ausführlichen und bebilderten Beschreibung mit allen Angaben zu Modellen, Ausführungen, Farben und Herstellern" zurück. Nicht nur private Berater drängen in den Markt. Auch die Zeitschrift *Schöner Wohnen* offeriert ihren Lesern einen eigenen Beratungsservice. Eine Designerin und Einrichtungsexpertin hilft bei Wohnproblemen weiter. Die Nachfrage ist inzwischen so groß, dass Interessenten im Moment bis zu sechs Wochen auf die Vorschläge der Beraterin warten müssen.

Die Qualität einer Wohnberatung bemisst sich nach stark subjektiven Kriterien. Was für den einen ultimatives Stilbewusstsein ist, ist für den anderen die reine Geschmacksverirrung. Wer sich professionalisieren will, bevor er den Markt betritt, kann sich bei der Typ-Akademie zum Wohnberater ausbilden lassen (www.typakademie.de/seminare/wohnberatung.html). In der sechstägigen Intensiv-Ausbildung vermittelt ein Referententeam das nötige Grundwissen zu Geometrie, Farbästhetik und optischen Gestaltungsprinzipien.

Das Zuhause als selbstgestalteter Mittelpunkt des eigenen Lebens gewinnt in Zukunft weiter an Gewicht. Der Wunsch nach Unterstützung bei der Gestaltung auch. Die professionelle Wohnberatung wird sich in den nächsten Jahren von einem Privileg gut situierter Hausbesitzer zu einem Angebot auch für normale Wohnungsmieter und vor allem -mieterinnen wandeln. Doch ist in

Zukunft nicht nur der klassische Beratungsservice gefragt, auch Spezialfelder entwickeln sich zu einträglichen Marktnischen.

Trendbriefing: Was zu beachten ist ...

- Wenn die Hälfte der Weltbevölkerung künftig in den Städten lebt, werden die Städte mit Nachdruck die ökologischen Fragen zu beantworten haben. Ein Ansatz wie die asiatischen Null-Emissions-Metropolen wird weltweite Nachfolger finden.
- Immer mehr Menschen finden besonders in den eigenen vier Wänden Identität und Vertrautheit. Den heimischen Cocoon mit ethisch und ökologisch korrekten Produkten auszustatten, wird die Märkte rund ums Bauen in der nächsten Zeit gewaltig beflügeln.
- Metropolen mit Zukunft werden Unternehmen und Einwohnern in der Zukunft vor allem eines anbieten müssen: Lebensqualität. Das Ergrünen der Städte wird deshalb zu einem entscheidenden Standortfaktor.
- Wohnen und Bauen wird vor dem Hintergrund des Megatrends Neo-Ökologie eine Vielzahl von neuen Branchen anziehen. Dazu gehört u.a. die Wohn- und Einrichtungsberatung für Firmen und Privathaushalte.

Über die Autoren

Dr. Eike Wenzel ist Trend- und Zukunftsforscher sowie Chefredakteur und Mitglied der Geschäftsleitung im Zukunftsinstituts von Matthias Horx. Seine Beratungs- und Vortragstätigkeit umfasst die Gebiete Medien, Konsum, Lebensstile, Zielgruppen, dazu kommen Lehraufträge im In- und Ausland. Zuvor arbeitete er journalistisch und publizistisch für Print, TV und Hörfunk mit dem Schwerpunkt in Media und Marketing (*Kress-Report, Horizont, Wirtschaftswoche, Hessischer Rundfunk, Frankfurter Rundschau*).

Anja Kirig arbeitet als freie Redakteurin für das Zukunftsinstitut und als Journalistin u.a. für Frankfurter Stadtmagazine. Als Autorin schrieb sie zuletzt die Studien „Gesundheitstrends 2010", „Lifestyle-Report" und „Food-Styles".

Christian Rauch ist Soziologe und arbeitet seit 2005 im Zukunftsinstitut, wo er neben Studien wie „Zielgruppe LOHAS" auch den „Global Trends Monitor" und die „Megatrend-Dokumentation" veröffentlicht hat. Zuvor war er wissenschaftlicher Mitarbeiter an der Universität Marburg und für die Trendforschung der Dresdner Bank tätig.

Die Autoren danken ihrer freien Mitarbeiterin Ingrid Schick für die hervorragende redaktionelle Unterstützung.

Stichwortverzeichnis